Aliyu Hassan Kamba

Interpretação de dados aeromagnéticos

Aliyu Hassan Kamba

Interpretação de dados aeromagnéticos

Sobre as zonas de Kaoje, Konkoso, Shanga e Yelwa, Noroeste da Nigéria

ScienciaScripts

Imprint

Any brand names and product names mentioned in this book are subject to trademark, brand or patent protection and are trademarks or registered trademarks of their respective holders. The use of brand names, product names, common names, trade names, product descriptions etc. even without a particular marking in this work is in no way to be construed to mean that such names may be regarded as unrestricted in respect of trademark and brand protection legislation and could thus be used by anyone.

Cover image: www.ingimage.com

This book is a translation from the original published under ISBN 978-3-330-35240-7.

Publisher:
Sciencia Scripts
is a trademark of
Dodo Books Indian Ocean Ltd. and OmniScriptum S.R.L publishing group

120 High Road, East Finchley, London, N2 9ED, United Kingdom
Str. Armeneasca 28/1, office 1, Chisinau MD-2012, Republic of Moldova, Europe
Printed at: see last page
ISBN: 978-620-7-67829-7

DEDICAÇÃO

Este trabalho é dedicado aos meus pais Hajiya Aisha (Tanda) e Alhaji Hassan

Madawaki Kamba.

AGRADECIMENTOS

Em primeiro lugar, agradeço a Alá Todo-Poderoso (S.W.A.) pela sua proteção e orientação ao longo deste trabalho de investigação e por me ter dado a força para iniciar este programa e ter poupado a minha vida até ao fim do mesmo. E. E. Udensi pela atenção, conselhos, encorajamento, sugestões, críticas e comentários durante este trabalho. Ao meu Chefe de Departamento, Dr. Y. A. Sanusi, que é também o meu co-orientador I, bem como ao meu co-orientador II, Prof. Musa Momoh, pela sua orientação e apoio durante este trabalho, muito obrigado pelos seus conselhos e encorajamento paternais durante o trabalho do curso e pelo apoio que me deu ao longo do programa. Prof. Musa Momoh é de facto um pai, Deus o abençoe. A minha gratidão vai para o Dr. Bonde, da Universidade de Ciência e Tecnologia de Aliero, pelas suas sugestões e contribuições significativas para este trabalho. Agradeço igualmente ao Dr. Nuhu Ibrahim pelos seus conselhos, observações e sugestões. A minha gratidão vai também para o Dr. S.A.Kyanga por todos os conselhos, ajuda e orientação que me deu durante todos os anos em que estive consigo, que Deus o abençoe. Não me esqueço de agradecer ao Dr. Salako, que arranjou tempo para me ajudar a tornar este trabalho realidade, que Deus o abençoe. Agradeço também à minha família por me ter apoiado em todas as etapas da minha vida. Os meus pais, Alhaji Hassan Madawaki e Hajiya Aisha Tanda, continuam a ser os melhores pais para mim. Agradeço também aos meus queridos irmãos e irmãs, especialmente a Zuwaira, Amina, Saudat e Hamdiya. Agradeço a todos as vossas orações, o meu apreço por todo o pessoal do Departamento de Física da Universidade Usmanu Danfodiyo de Sokoto, que, de uma forma ou de outra, contribuiu para este trabalho. Gostaria de agradecer ao meu colega sénior Mustafa Sani, que me ajudou imenso a tornar este trabalho uma realidade. O meu apreço vai também para os meus colegas de curso, especialmente Abdullah Dantsoho e David Simon, pela sua preocupação durante este trabalho.

ÍNDICE DE CONTEÚDOS

RESUMO

Foram efectuadas investigações geofísicas de quatro mapas aeromagnéticos, folha 95 (kaoje), 96 (Shanga), 117 (Konkoso) e folha 118 (Yelwa), situados entre a longitude 40.00" e 5⁰.00"E e a latitude 100.30" e 11⁰.30 "N no Noroeste da Nigéria, para estudar as estruturas subterrâneas. O mapa de intensidade magnética total, o mapa residual e o mapa regional foram obtidos utilizando o Oasis montaj versão 7.1. O resultado do mapa regional indica uma sedimentação mais profunda no sul do que na parte norte da área de estudo. A análise da profundidade espetral revelou duas camadas magnéticas. A primeira camada varia de 0,586 km a 1,249 km, enquanto a profundidade da segunda camada varia de 2,506 km a 3,174 km. A maior sedimentação (3,2 km) foi encontrada na folha 117 e a menor sedimentação foi encontrada na folha 96. A continuação ascendente da área de estudo indica que a profundidade do subsolo é maior na secção sudeste da área de estudo. O Source Parameter Imaging (SPI) mostra a estimativa de profundidade variando de 768 km a 2396 km.

CAPÍTULO 1

1.0 INTRODUÇÃO

A Terra e o seu conteúdo há muito que preocupam a humanidade. O homem tem tentado desvendar a sua complexidade e aprofundar a sua origem através de vários métodos geofísicos. A subsuperfície tem sido uma preocupação especial para os geocientistas, que procuram investigá-la através de diversos meios, uns com o objetivo de a conhecer, enquanto outros o fazem para explorar recursos económicos como os minerais e os hidrocarbonetos. Com os avanços da tecnologia e a necessidade de ter uma visão mais clara do subsolo terrestre e do seu conteúdo, os geocientistas consideraram necessário utilizar as propriedades associadas ao interior da Terra. A geofísica envolve a aplicação de princípios físicos e de medições físicas quantitativas com o objetivo de estudar o interior da Terra. A análise destas medições pode revelar como o interior da Terra varia vertical e lateralmente, cuja interpretação pode revelar informações significativas sobre as estruturas geológicas subjacentes (Dobrin, 1976). Ao trabalhar a diferentes escalas, os métodos geofísicos podem ser aplicados a uma vasta gama de investigações, desde estudos de toda a Terra até à exploração de uma região localizada da crosta superior para fins de engenharia ou outros (Kearey *et al.*, 2004). Existe uma vasta gama de métodos geofísicos para cada um dos quais existe uma propriedade física operativa à qual o método é sensível. O tipo de propriedade física a que um método responde determina claramente o seu âmbito de aplicação. Por exemplo, o método magnético é muito adequado para localizar corpos de minério magnéticos enterrados devido à sua suscetibilidade magnética. Do mesmo modo, os métodos sísmicos e eléctricos são adequados para a localização de lençóis freáticos, porque a rocha saturada pode ser distinguida da rocha seca pela sua maior velocidade sísmica e maior condutividade eléctrica (Kearey *et al.*, 2004). Na exploração de recursos do subsolo, os métodos geofísicos são capazes de detetar e delinear características locais de potencial interesse. Os métodos geofísicos para detetar descontinuidades, falhas, juntas e outras estruturas do subsolo incluem os seguintes: magnético, sísmico, resistividade, elétrico, campo potencial, registo de poços, gravidade, radiométrico, térmico, etc. (Cordell e Grouch, 1985). Alguns métodos geofísicos, como a espetrometria de raios gama e a teledeteção, medem os atributos da superfície; outros, como os métodos térmicos e alguns métodos eléctricos, limitam-se a detetar características geológicas subsuperficiais relativamente pouco profundas. A maior parte dos minerais económicos, do petróleo, do gás e das águas subterrâneas encontra-se escondida sob a superfície da Terra, portanto, oculta da visão direta. A presença e a magnitude destes recursos só podem ser determinadas por investigações geofísicas das estruturas geológicas subterrâneas na área.

1.1   O domínio da geofísica de exploração

O campo da geofísica de exploração é um ramo aplicado da geofísica, que utiliza métodos físicos como os sísmicos, magnéticos, gravitacionais, eléctricos e electromagnéticos à superfície da terra para medir as propriedades físicas da subsuperfície, juntamente com anomalias nessas propriedades. É mais frequentemente utilizada para detetar a presença e a posição de depósitos geológicos economicamente úteis. Tais como minérios, combustíveis fósseis e outros hidrocarbonetos. A Geofísica de Exploração pode ser utilizada para detetar diretamente o estilo de mineralização alvo, através da medição direta das suas propriedades físicas. Por exemplo, pode-se medir os contrastes de densidade entre o minério de ferro e a rocha silicatada da parede.

1.2   Usos da Geofísica de Exploração

A Geofísica de Exploração serve também para cartografar as estruturas subsuperficiais de uma região, para elucidar as estruturas subjacentes, a distribuição espacial das unidades rochosas e para detetar estruturas como falhas, dobras e rochas intrusivas. Este é um método indireto para avaliar a madeira de depósitos de minério ou a acumulação de hidrocarbonetos.

1.3   Os métodos geofísicos incluem

1. Método magnético

2. Método da gravidade

2.1.1   Método magnético

Este é um método eficiente e eficaz para pesquisar grandes áreas de objectos subterrâneos de ferro e aço, tais como tanques e barris. Magnético As medições do campo magnético total da Terra e dos gradientes magnéticos locais são geralmente efectuadas com magnetómetros de precessão de protões em pontos ao longo de uma linha geralmente orientada perpendicularmente à tendência suspeita das estruturas para levantamentos locais, o campo ambiente da Terra pode ser considerado uniforme. Os materiais magnéticos geológicos e culturais locais exprimirão então a sua distribuição por perturbações locais no campo terrestre. Em geral, as rochas sedimentares não são magnéticas, enquanto as rochas ígneas e metamórficas são magnéticas. O físico inglês William Gilbert, em 1600, no seu livro De Magnetic, publicou em 1870 a primeira análise científica do campo magnético terrestre e dos fenómenos associados. Thalen e Tiberg desenvolveram um instrumento para medir com precisão e rapidez os vários componentes do campo magnético terrestre para prospeção de rotina. Na década de 1970, foram desenvolvidos gradiómetros magnéticos para medir não só a intensidade total do campo magnético terrestre, mas também o gradiente magnético entre sensores. Este facto fornece informações adicionais valiosas para a delimitação de alvos.

Algumas das utilizações do levantamento magnético incluem:

i. Localização de tambores, cisternas e outros objectos metálicos enterrados

ii. Encontrar poços abandonados

iii. Cartografia de estruturas geológicas

iv. Localização de serviços públicos

v. Investigação de aterros sanitários

vi. Recolha de provas forenses

1.3. 2Método da gravidade

Os gravímetros de última geração podem detetar diferenças na aceleração (atração) da gravidade até uma parte em mil milhões. As medições efectuadas à superfície da Terra expressam a aceleração da gravidade da massa total da Terra mas, devido à sua elevada sensibilidade, os instrumentos podem detetar variações de massa na geologia da crosta terrestre. Por exemplo, uma falha de ângulo elevado do tipo bacia e cordilheira terá rochas consolidadas mais antigas de um lado e sedimentos de preenchimento de vales relativamente não consolidados do outro lado da falha. A massa é o produto do volume e da densidade, pelo que existe um contraste de densidade suficiente se for possível delinear estruturas subsuperficiais deste tipo. A amplitude da variação entre a zona alta e a zona baixa do gradiente de gravidade é uma função do deslocamento na falha. Para além de fornecer informações sobre problemas de falhas, o método gravítico aplica-se a qualquer problema geológico que envolva variações de massa.

Algumas das utilizações do inquérito sobre a gravidade incluem:
  i.   Problemas de avaria

  ii. Inventários de águas subterrâneas

  iii. Delineações intrusivas

1.4   Aeromagnético

Um levantamento aeromagnético é um tipo comum de levantamento geofísico efectuado com uma placa magnetométrica ou rebocado por uma aeronave. O princípio é semelhante ao do levantamento magnético terrestre, mas permite cobrir rapidamente áreas muito maiores da superfície terrestre para o reconhecimento regional. A aeronave voa normalmente num padrão semelhante a uma grelha, com a altura e o espaçamento entre linhas a determinar a resolução dos dados e o custo do levantamento por unidade de área (Olasehinde, 2009). Os levantamentos aeromagnéticos são amplamente utilizados para ajudar na produção de mapas geológicos e são também vulgarmente utilizados na exploração de minerais. Alguns depósitos de minerais estão associados a um aumento da abundância de minerais magnéticos e, ocasionalmente, o próprio alvo pode ser magnético (por exemplo, depósitos de minério de ferro), mas muitas vezes a elucidação da estrutura da superfície da crosta superior é a contribuição mais valiosa dos dados aeromagnéticos. De acordo com Sharma (1987) e Hamza e Garba (2010), na prospeção de petróleo, os dados aeromagnéticos podem fornecer informações para determinar as profundidades das rochas do subsolo e, assim, localizar e definir a extensão das bacias sedimentares, reconhecer e interpretar falhas, cisalhamentos e fracturas, não só como potenciais hospedeiros de uma variedade de minerais, mas também como um guia indireto para a mineralização epigenética relacionada com o stress nas rochas circundantes, e para a deteção direta de depósitos de certos minérios de ferro.

1.5   Localização da área de estudo

A área de estudo (Figura 1.1) situa-se em parte da bacia inferior de Sokoto, no Noroeste da Nigéria. A área de estudo situa-se entre as longitudes 40.00' - 50.00'E e as latitudes 100.500' - 110.500'N na região da savana do Sudão Sahel. A área de estudo é coberta por quatro mapas obtidos da (NGSA). Os quatro mapas são Konkoso (folha n.º: 117), Yelwa (folha n.º: 118), Kaoje (folha n.º: 95), Shanga (folha n.º: 96) dispostos como se mostra na (Figura. 1.2)

1.6   Finalidade e objectivos do estudo

O objetivo deste estudo é analisar os dados aeromagnéticos sobre a área de estudo com os seguintes objectivos específicos.

(1)   Determinar a espessura sedimentar na zona de estudo.

(2)   Inferir as potencialidades económicas da zona em termos de recursos de hidrocarbonetos e minerais.

1.7   Justificação do estudo

As bacias sedimentares são muito importantes e não devem ser negligenciadas para efeitos de exploração de recursos naturais. Kogbe (1979, 1981) sugeriu que as bacias de Sokoto e Bida estão dotadas de condições favoráveis para a prospeção de hidrocarbonetos necessários para a exploração de petróleo. Por conseguinte, ele insistiu na necessidade de realizar mais trabalhos de investigação nestas bacias utilizando os instrumentos à nossa disposição. A informação geofísica e os recursos minerais da bacia sedimentar de Sokoto não foram totalmente avaliados devido à falta de estudos suficientes. O mapeamento e a delimitação de estruturas subterrâneas na bacia de Sokoto foram efectuados por Jones (1948); Kogbe (1976); Bellion (1989). Foi efectuada uma análise da profundidade espetral em algumas áreas seleccionadas da bacia de Sokoto. Adetona *et al.* (2007)

observaram duas camadas com profundidades médias de 0,49 km e 1,44 km na bacia sedimentar de Sokoto. Por conseguinte, este trabalho de investigação utiliza três métodos: análise da profundidade espetral, imagiologia de parâmetros de origem e continuação ascendente, a fim de lançar mais luz sobre a prospeção de hidrocarbonetos e minerais na área de estudo.

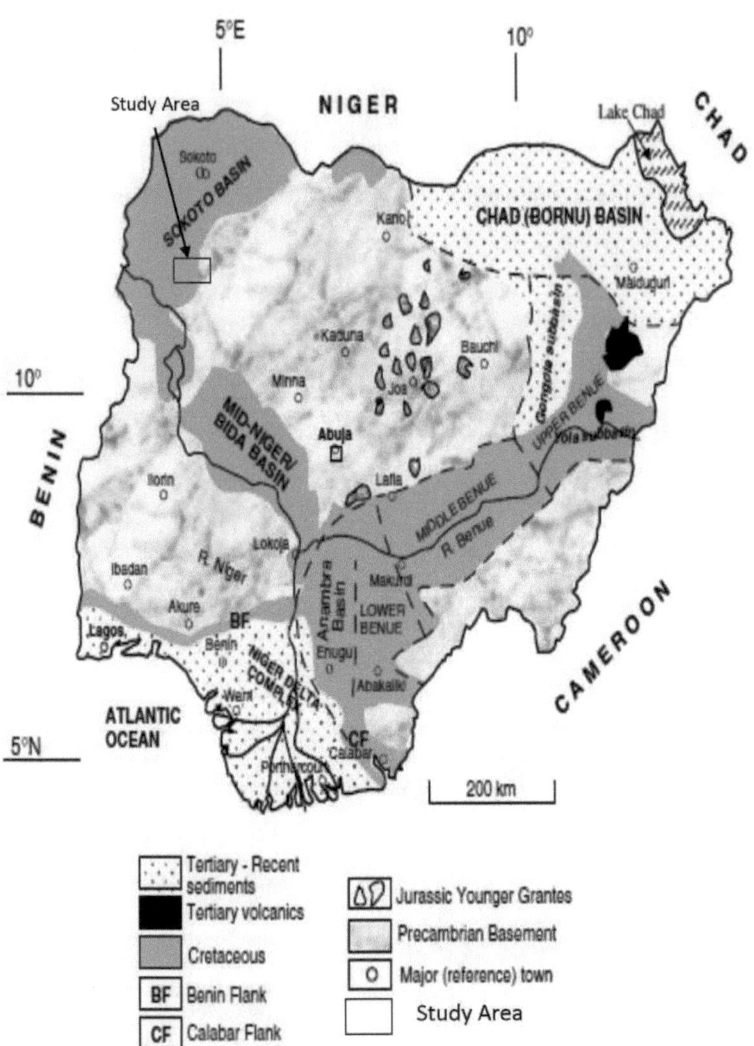

Figura 1.1: Mapa geológico da Nigéria mostrando a área de estudo (após Obaje *et al.*, 2009)

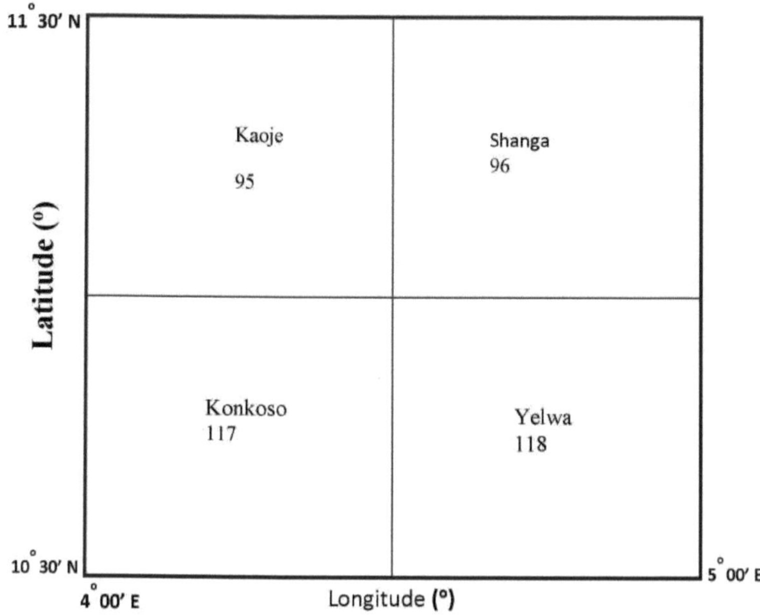

Figura 1.2: Esquema da folha de mapa aeromagnético da área de estudo

CAPÍTULO 2

REVISÃO DA LITERATURA

2.1 Revisão da literatura geológica

A bacia de Sokoto ocupa a parte sul da bacia de Iullummeden, que cobre uma área de 800.000 km^2 abrangendo partes da Argélia, Mali e República do Benim, bem como o noroeste. Falconer (1911) publicou o resultado do seu estudo pioneiro sobre a geologia e a geografia do norte da Nigéria, datado do Eoceno. A bacia de Iullumenden, da qual faz parte a bacia de Sokoto, é limitada a norte pelos maciços das regiões de adrar des Iforas, Hogger e Air. A oeste, está ligada à bacia de Taudeni pela calha de Gao e, a leste, é limitada pela bacia do Chade através da zona de Damergou, na República do Níger. Guiraud e Maurin (1992) delimitam a sul a bacia com as rochas basais do noroeste da Nigéria. O sector da bacia de Sokoto da bacia de Iullumeden contém sedimentos mesozóicos a cenozóicos (Kogbe, 1981). Tem a forma de uma estrutura sinclinal ampla com um eixo alinhado aproximadamente N-S. É truncada a sudoeste por falhas de tendência NW-SE. Esta estrutura é a única caraterística semelhante a uma fenda que se sabe estar associada à bacia. O Iullumenden é atravessado por grandes falhas de tendência NNE-SSW, parte do "lineamento trans-Sahara" de Guiraud e Maurin (1992), e uma importante zona de cisalhamento dextral de tendência E-W. O primeiro estudo estratigráfico da bacia de Sokoto foi publicado por Jones (1948). Wright *et al.* (1985) concluíram, com base na sua investigação geológica, que a bacia de Sokoto é de interesse tanto do ponto de vista económico como socioeconómico. A maioria das actividades geológicas na bacia de Sokoto limitou-se à cartografia geológica de campo, à prospeção de minerais sólidos e à investigação hidrogeológica. Hamza e Garba (2010) recomendaram a utilização de equipamento moderno para investigações geofísicas pormenorizadas da bacia de Sokoto, a fim de verificar os resultados anteriores. Até à data, as explorações das bacias interiores não foram comercialmente bem sucedidas, principalmente devido à falta de conhecimento da sua geologia e também devido à sua distância das infra-estruturas existentes. Por esta razão, muitas empresas internacionais desviaram a sua atenção do onshore para as águas profundas e ultra-profundas do offshore.

2.2   Revisão da literatura geofísica

Adetona *et al.* (2007) efectuaram trabalhos geofísicos na área de Konkoso, Yelwa, Kaoje e Shanga do estado de Kebbi utilizando o método de análise espetral. Não foram detectados ou registados depósitos comprovados de hidrocarbonetos na bacia. Além disso, a limitação da investigação geofísica na bacia pode ser atribuída à falta de uma instituição académica ou governamental com o departamento de geociências relevante na região noroeste da Nigéria. Entre 1964 e 1967, foi levado a cabo um projeto patrocinado pelas Nações Unidas no noroeste da Nigéria em busca de minerais. O projeto envolveu os seguintes métodos: Aeromagnético, magnético, eletromagnético aéreo e método elétrico. O resultado mostrou que não é provável que se encontrem na zona depósitos primários importantes de metais preciosos ou de base (Hamza e Garba, 2010).

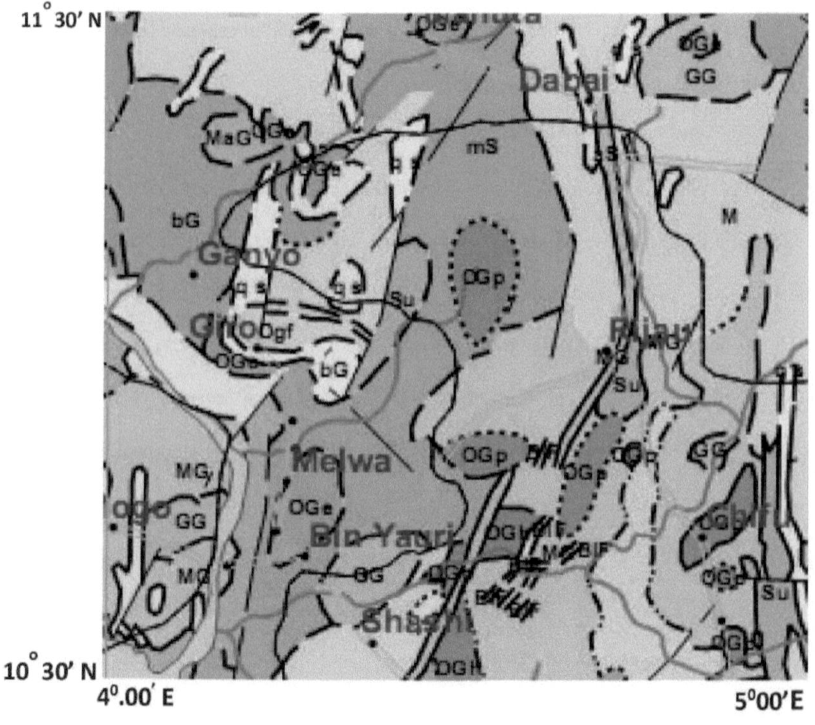

LEGEND

GG	Granite Gneiss
Ge	Quartz feldspathic granulite and gneiss
bG	Banded Gneiss / Biotite Gneiss
MaG	Migmatitic augen Gneiss
MG	Migmatitic Gneiss
M	Migmatite
qs	Silicified, sheared rocks, large quartz veins
OGe	Medium-to coarse-Grained Biotite granite
MS	Sand, Clay and Mangrove Swamps
OGh	Coarse,Porphyritic hornblende granite
OGp	Porphyritic Granite/Coarse porphyritic biotite and biotite l

Fig.2.1. Geologia da área de estudo segundo a Agência de Inspeção Geológica da Nigéria (NGSA)\

Entre 1974 e 1980, a Nigerian Geological Survey Agency (NGSA) efectuou uma cartografia aeromagnética de todo o país (Nigéria), cujo resultado foi publicado sob a forma de mapas de contorno à escala de 1:100.000. Umego (1990) efectuou um estudo gravimétrico sobre parte da bacia de Sokoto, que foi complementado pela análise dos dados aeromagnéticos. Ele comparou os resultados do estudo gravimétrico com a análise magnética e observou uma diferença significativa nas profundidades do subsolo. Observou que a profundidade do subsolo obtida pelo método magnético era geralmente maior do que a obtida pelo método gravitacional. Com base nisso, sugeriu ainda que as investigações sísmicas e de furos de sondagem produziriam resultados mais pormenorizados. Uwah (1984) efectuou um levantamento radiométrico de acompanhamento no terreno de algumas anomalias radiométricas delineadas a partir do levantamento aeromagnético. Observou-se que as áreas de alta atividade em torno da área de Dange coincidiam com a secção sedimentar associada a tons de ferro laterítico compactados expostos. O estudo concluiu que as concentrações de urânio medidas eram inferiores ao nível normalmente considerado de importância económica. Foi efectuada uma interpretação tridimensional de uma anomalia aeromagnética proeminente perto da aldeia de Dange (Ayuba, 1999), na qual se inferiu que a anomalia magnética era causada por uma rocha ígnea de elevada suscetibilidade magnética de forma prismática. A análise da profundidade espetral em algumas áreas seleccionadas da bacia de Sokoto foi realizada por investigadores individuais. Adetona *et al.* (2007) observaram duas camadas com profundidades médias de 0,49 km e 1,44 km na bacia sedimentar de Sokoto. Profundidades de 0,3 km e 1,38 km, representando a primeira e a segunda camada, foram observadas por Shehu *et al.* (2004). Ishaq e Udensi (2010) efectuaram uma modelação 2D da parte sul da bacia de Sokoto e observaram uma espessura sedimentar que varia entre 0,676 km e 1,80 km. Okosun (1989) analisou a estratigrafia da formação Dange, que é a principal unidade rochosa que alberga o fosfato nodular. A formação era constituída por xisto cinzento, castanho e preto e datada do Paleoceno tardio com base em foraminíferos e ostracodes. Shehu *et al.* (2004) efectuaram uma análise de profundidade espetral das anomalias residuais magnéticas na bacia superior de Sokoto, revelando uma profundidade máxima de 1,386 km para o subsolo na área. Outros investigadores que trabalharam dentro e à volta da área de estudo na bacia de Sokoto incluem: Ayoola *et al.* (1982), Adetona *et al.* (2007), (Hamza e Garba, 2010), Okosun e Alkali (2013) e Bonde *et al.* (2014). Os resultados mostram que as áreas associadas a espessuras sedimentares mais elevadas em torno de Talata Mafara, Sokoto e Gandi são os locais mais prováveis para a prospeção de acumulação de hidrocarbonetos na bacia.

CAPÍTULO 3

MATERIAIS E MÉTODOS

3.1   Aquisição de dados aeromagnéticos

A área de estudo faz parte da bacia sedimentar inferior de Sokoto, no noroeste da Nigéria, e está coberta por quatro (4) mapas aeromagnéticos. Estes mapas foram obtidos da Agência Nigeriana de Estudos Geológicos (NGSA), *que efectuou* um levantamento magnético aéreo de uma parte substancial da Nigéria entre 1974 e 1980. Os dados foram recolhidos a uma altitude nominal de voo de 152,4 m ao longo de linhas de voo N-S espaçadas de aproximadamente 2 km. Os dados magnéticos recolhidos foram publicados sob a forma de linhas de contorno em mapas aeromagnéticos de ½ grau numa escala de 1:100.000. Os valores magnéticos foram traçados em intervalos de 5 nT (Nano Tesla). Os mapas foram numerados e nomeados de acordo com os locais abrangidos e as coordenadas (longitude e latitudes) foram escritas para facilitar a referência e a identificação. O país foi dividido num total de 340 folhas. Os valores magnéticos actuais foram reduzidos em 25.000 gamma antes de se traçar o mapa de contorno (Huntings, 1976). Isto significa que o valor de 25.000 gamas deve ser adicionado aos valores de contorno de modo a obter o campo magnético real num determinado ponto. Em todos os mapas foi incluída uma correção baseada no Campo Geomagnético Internacional de Referência (IGRF) e na data de 1 de janeiro de 1974. O método de interpolação visual, que é o método de digitalização em grelha, foi utilizado para obter os dados dos mapas aeromagnéticos de intensidade de campo que cobrem a área de estudo. Os dados de cada mapa digitalizado foram registados numa folha de codificação de 19 por 19 que contém a longitude, a latitude e o nome da cidade sobrevoada e o número da folha. A atual área de estudo abrangeu quatro (4) mapas numerados 95, 96,117,118. O software Surfer 11 foi utilizado para importar o conjunto de dados constituído por três colunas (longitude, latitude e valores magnéticos). O mapa composto foi produzido utilizando o software Oasis Montaj versão 7.1.

3.2   Digitalização de mapas aeromagnéticos

Para que qualquer análise possa ser efectuada sobre a carta aeromagnética que cobre a zona, esta deve ser previamente digitalizada. Existem dois métodos de digitalização

1.   Digitalização ao longo das linhas de voo e;

ii Digitalização em grelha (método de interpolação visual)

1.1.1   Digitalização ao longo das linhas de voo

Os levantamentos magnéticos aerotransportados são normalmente efectuados ao longo de linhas de voo que são normalmente mostradas nos mapas aeromagnéticos. Assim, um digitalizador pode muitas vezes decidir apanhar valores magnéticos no ponto onde as linhas de contorno cruzam as linhas de voo. A principal vantagem deste método é que os valores lidos ao longo das linhas de voo são muito próximos dos valores magnéticos reais medidos durante o levantamento.

1.1.2   Digitalização em layout de grelha

Método de interpolação visual: este método consiste em traçar um determinado número de linhas rectas na vertical e na horizontal, com o mesmo espaçamento, num papel vegetal, para formar uma grelha. Os limites do traçado devem coincidir com os limites do mapa aeromagnético a digitalizar.

1.1.3   Método adotado

O presente estudo adoptou o método de disposição em grelha (interpolação visual) como método de digitalização dos mapas aeromagnéticos que cobrem a área de estudo. A vantagem deste método inclui o cálculo exato das coordenadas do ponto de dados. O método envolveu o desenho de 19 por 19 linhas igualmente espaçadas num papel vegetal para formar um esquema de grelha, assegurando que os limites dos mapas aeromagnéticos fossem combinados. O esquema (papel vegetal) foi sobreposto ao mapa aeromagnético e os valores de intensidade magnética foram lidos em pontos cruzados do sistema de grelha. Nos pontos da grelha onde os contornos não se cruzavam, foi efectuada uma interpolação visual para a linha de contorno próxima para estimar o valor magnético no ponto da grelha.

1.2.1 Produção do mapa magnético total (TMI)

O conjunto de dados composto unificado da área de estudo, que consiste em três colunas (longitude, latitude, valor magnético), foi utilizado como importação para o software Oasis montaj para produzir o mapa TMI composto de cores sombreadas da área. O sistema de grelha de curvatura mínima foi utilizado para produzir o mapa composto da área de estudo.

1.2.2 Contorno de dados digitalizados

Após a digitalização do mapa, os dados foram armazenados num dispositivo de armazenamento informático e posteriormente introduzidos num programa informático (SURFER 11). O programa foi concebido para recolher todos os pontos de dados linha a linha, calcular a longitude e a latitude utilizando valores de base já fornecidos. O resultado é apresentado sob a forma de colunas x, y, z, em que x, y e z representam a longitude, a latitude e o valor magnético, respetivamente. O mapa de contorno da área de estudo foi produzido utilizando o software SURFER 11.

1.2.3 Separação Regional-Residual

Os dados magnéticos observados em levantamentos geofísicos compreendem a soma de todos os campos magnéticos produzidos por fontes subterrâneas. O mapa composto produzido a partir desses dados contém, portanto, duas perturbações importantes, que são diferentes em ordem de tamanho e geralmente sobrepostas. (1) As grandes características aparecem geralmente como tendências, que continuam suavemente ao longo de uma distância considerável. Estas tendências são conhecidas como tendências regionais. (2) Sobrepostos ao campo regional, mas frequentemente camuflados por estes, estão os distúrbios locais menores, que são secundários em tamanho, mas primários em importância. Estas são as anomalias residuais. Podem fornecer provas directas da existência de estruturas do tipo reservatório ou de corpos de minério. Para que os dados de campo potenciais sejam interpretados, as anomalias residuais devem ser separadas do campo de fundo regional. A interpretação de tais anomalias de campo começa frequentemente com um procedimento que elimina ou atenua componentes de campo indesejáveis, de modo a isolar as anomalias desejadas para interpretação. O fenómeno é semelhante a um processo de filtragem aplicado em dados sísmicos. Existem muitos métodos utilizados para esta operação, mas os métodos mais frequentemente utilizados são a suavização gráfica e os métodos analíticos.

3.3.1   Método gráfico e de alisamento

Um dos métodos mais antigos e tradicionais de efetuar a separação regional-residual consiste em suavizar visualmente as curvas de nível ou um certo número de perfis ou, de preferência, ambos de uma só vez. O processo funciona, grosso modo, por aproximações sucessivas da seguinte forma: assume-se a tendência do campo regional e traçam-se perfis ao longo dessa tendência; o conjunto de perfis resultante deste exercício é examinado com vista a uma nova suavização, e assim sucessivamente até se obter um mapa regional aceitável.

1.1.3   Método analítico

Com o método analítico de determinação das anomalias residuais, as operações numéricas sobre os dados observados permitem isolar as anomalias sem uma dependência tão grande do julgamento do exercício na realização da separação. Estas técnicas requerem geralmente que os valores magnéticos sejam espaçados numa matriz regular, como no presente estudo. Algumas abordagens analíticas de uso comum, nomeadamente

1.   Cálculo direto do resíduo, por técnicas como os métodos do ponto central e do anel.

ii Método de ajuste polinomial.

1.1.4   Método de ajuste polinomial

O método de ajuste polinomial é o mais flexível e o mais aplicado dos métodos analíticos para determinar o campo magnético regional (Skeels, 1967; Johnson, 1969). Neste método, a correspondência de uma superfície regional por um polinómio de baixa ordem expõe as características residuais como erros aleatórios. Os dados observados são usados para calcular, geralmente por mínimos quadrados, a superfície matematicamente descritível que dá o ajuste mais próximo ao campo magnético que pode ser obtido dentro de um grau de detalhe especificado. A superfície é considerada o campo regional e o resíduo é a diferença entre os valores do campo magnético efetivamente cartografados e os determinados. As vantagens do método dos mínimos quadrados incluem:

1.   Muitos pontos dos mapas ou perfis são utilizados para obter a solução.

ii.   A solução pode tomar em consideração estruturas geológicas conhecidas.

iii.   São considerados corpos de formas arbitrárias.

3.4   Produção de mapas regionais e residuais

O campo magnético residual da área de estudo foi produzido subtraindo o campo regional do campo magnético total utilizando o método de ajuste polinomial. O programa de computador "Aerosupermap" foi utilizado para gerar as coordenadas dos valores dos dados do campo de intensidade total. Para este trabalho, foi adotado um formato de grelha retangular, em que o intervalo de longitude vai de 4,00° E a 5,00° E e o intervalo de latitude vai de 10,5° N a 11,5° N com coordenadas X e Y geradas, os valores dos dados magnéticos foram introduzidos na terceira coluna como eixo Z. Finalmente, os valores dos dados fora dos mapas e aqueles com valores nulos (porque os valores magnéticos não puderam ser lidos) foram eliminados juntamente com as suas coordenadas para produzir um ficheiro de dados. Este ficheiro de dados composto, para todos os valores magnéticos, foi utilizado para a produção de um mapa aeromagnético composto (Fig. 4.2) da área de estudo utilizando o SURFER 11, o mapa foi examinado para confirmar se tem tendências magnéticas semelhantes às do mapa de intensidade magnética total produzido utilizando o software oasis montaj. Este mapa de intensidade magnética total (TMI) será objeto de uma análise e interpretação complementares. Foi utilizado um programa para estimar os valores magnéticos residuais, subtraindo os valores do campo regional aos valores da intensidade total do campo magnético.

3.5   **Continuação ascendente**

A continuação ascendente é usada para simplificar a aparência de mapas magnéticos regionais, suprimindo os efeitos de feições locais. A proliferação de anomalias magnéticas locais muitas vezes obscurece as características regionais com uma superabundância de detalhes. A continuação ascendente suaviza assim estas perturbações sem prejudicar as principais características regionais. O principal objetivo da continuação ascendente é visualizar a intensidade do campo magnético a várias alturas acima do nível de voo, de modo a eliminar as anomalias de comprimento de onda curto, realçando as mais longas que reflectem as características regionais (Abdulsalam *et al.*, 2011).

O campo magnético total da Terra obedece à lei do inverso do quadrado de Coulomb

$$(TMI \ a \ 1/r^2) \tag{2.1}$$

Um campo potencial medido num dado plano de observação a uma altura constante pode ser calculado como se as observações fossem feitas num plano diferente, mais alto (continuação ascendente) ou mais baixo (continuação descendente). A equação do filtro do domínio do número de onda para produzir a continuação ascendente é simplesmente Bonde *et al.* (2014)

$$F = e^{-hw} \tag{2.2}$$

Onde h é a altura da continuação. A continuação ascendente é uma técnica matemática que projecta os dados obtidos numa elevação para uma elevação superior. O efeito é que as características de comprimento de onda curto foram suavizadas. O método tende a acentuar as anomalias causadas por fontes profundas em detrimento das anomalias causadas por fontes pouco profundas (Mekonnen, 2004). A continuação ascendente ΔF a um nível superior (z= - h) é dada por (Mekonnen, 2004)

$$\Delta F(x, y, -h) = \frac{h}{2\pi} \iint \frac{\Delta F(x, y, 0)dxdy}{((x - x_0)^2 + (y - y_0)^2 + h^2)^{\frac{3}{2}}}$$

Assim, o problema de calcular o campo a um nível superior a partir do conhecimento do campo a um nível inferior é um problema direto de integração numérica dos dados de superfície. Na prática, os cálculos são feitos substituindo o integral da superfície por uma soma ponderada de valores obtidos numa grelha regular. A fórmula empírica (Henderson, 1960) dá o campo a uma altitude h, acima do plano do campo observado (z = 0) em termos do valor médio ΔF (r, i) sobre um círculo de raio centrado no ponto (x, y, o) multiplicado pelos coeficientes de ponderação apropriados. Estes coeficientes permitem calcular o campo contínuo ascendente com uma exatidão de 2% (Sharma, 1987).

3.5.1 Análise da profundidade espetral

A determinação das profundidades das rochas magnéticas enterradas no topo está entre as principais aplicações dos dados aeromagnéticos. As profundidades são normalmente calculadas a partir de medições efectuadas nas larguras e declives de uma anomalia individual dos perfis aeromagnéticos. Verificou-se que a abordagem estatística produz boas estimativas da profundidade média do subsolo subjacente a uma bacia sedimentar (Hahn *et al.,* 1976; Udensi, 2001). A análise estatística espetral só se tornou uma ferramenta útil para a análise de fenómenos geofísicos após o advento do computador eletrónico de grande capacidade, e isto nos últimos cinquenta anos (Hahn *et al.,* 1976). Spector e Grant (1970) desenvolveram um método de determinação da profundidade que faz corresponder o espetro de potência bidimensional calculado a partir de dados de campo de intensidade magnética total em grelha com o espetro correspondente obtido a partir de um modelo teórico. O seu modelo pressupunha a existência de uma distribuição não correlacionada de fontes magnéticas num número de intervalos discretos de profundidade na coluna geológica. A evolução da análise espetral tem o mesmo precursor importante, através do qual se tenta apresentar os dados apenas num estilo simples do domínio do tempo. O mais importante destes precursores é a análise harmónica da expansão da série de Fourier de uma dada série temporal de dados. Para efeitos de análise dos dados aeromagnéticos, assume-se que o solo é constituído por um conjunto de conjuntos independentes de paralelepípedos rectangulares de lados verticais, sendo cada conjunto caracterizado por uma distribuição conjunta de frequências para a profundidade (h), o comprimento (b) e a extensão da profundidade (t). De acordo com a teoria de Fourier, qualquer função f (t) que satisfaça certas restrições pode ser expressa como uma soma de um número infinito de termos sinusoidais. Em geral, f (t) pode representar qualquer função temporal, como a velocidade da partícula deslocada, a aceleração, a temperatura, a velocidade do vento da chuva, a intensidade do campo geomagnético, que também pode ser uma função espaçada f (x).

3.5.2 Espectro de energia / Profundidade das fontes magnéticas

Considere-se o espetro de energia da anomalia do campo magnético total num único bloco retangular. A expressão para o espetro de energia transcrito em coordenadas polares é dada de acordo com (Spector e Grant, 1970) como segue.

If $R = (u^2 + v^2)^{1/2}$
$$e \quad \theta = \arctan (u/v) \qquad (3.1)$$

$R = (u^2 + v^2)^{1/2}$ é a magnitude do vetor de frequência

$\theta = \arctan (u/v)$ é a direção do vetor de frequência

Onde u e v são as frequências nas direcções x e y,

Então o espetro de energia $E(r, \theta)$ é dado por

$$E(r, \Theta) = 4\pi^2 K^2 e^{-2hr}(1 - e^{-tr})S^2(r,\Theta) \qquad (3.2a)$$

Onde

K = momento magnético por unidade de profundidade.

t = espessura do prisma

S = fator de dimensão horizontal do prisma

$$S(r, \Theta) = \frac{\sin(ar\cos\theta)}{ar\cos\theta} \times \frac{\sin(br\cos\theta)}{br\cos\theta} \qquad (3.2b)$$

$$R_T^2(\Theta) = \{n^2 + (1\cos\theta + M\sin\theta)^2\}, \qquad (3.2c)$$

$$R_K^2(\Theta) = \{N^2 + (L\cos\theta + M\sin\theta)^2\}; \qquad (3.2d)$$

L, M e N são os cossenos de direção dos vectores do momento magnético.

Para efeitos de análise de mapas aeromagnéticos, assume-se que o terreno é constituído por um número de conjuntos independentes de tubos rectangulares, verticais e paralelos, e cada conjunto é caracterizado por uma distribuição conjunta de frequências para a profundidade (h), largura (a) e comprimento (b) e profundidade - extensão (t).

De acordo com esta hipótese, supõe-se que o mapa da intensidade do campo magnético sobre uma área, após a remoção dos principais componentes geomagnéticos, consiste na sobreposição de um grande número de anomalias individuais, a maioria delas sobrepostas, que são causadas por vários conjuntos de blocos com várias dimensões e magnetizações.

Para um número moderadamente grande de corpos, assume-se que os valores médios de inclinação e declinação do vetor magnético não diferem apreciavelmente da inclinação e declinação do campo geomagnético, Spector e Grant (1970) obtiveram a expressão para a média do conjunto do espetro radial como

A profundidade média do conjunto (h), de acordo com Spector e Grant (1970), entra apenas no fator

$$E(r) = 4\pi^2 K^2 e^{-2hr}(1 - e^{-tr})^2 S^2(r) \qquad (3.3a)$$

$$S^2(r) = \frac{1}{\pi}\int_0^\pi (S(r, \theta))\, d\theta \qquad (3.3b)$$

$$<e^{-2hr}> = \frac{e^{-2hr}\ \sinh(sr\,\Delta h)}{4r\Delta h} \qquad (3.4)$$

fixar-se-ia Δh *num* valor não superior a 0,5h; ou então, h não tem qualquer valor interpretativo. Por esta razão, os valores de r que são $< e^{-2hr} > = e^{-2hr}$ e o logaritmo deste fator aproximam-se de uma reta cujo meio declive é *-2h*. Isto pode ser aproximado a exp (-2hr) que é o fator dominante no espetro de potência. Se se tratar de dois conjuntos de fontes, podem ser reconhecidos por uma mudança acentuada na taxa de decaimento espetral.

O espetro de energia do conjunto duplo consistirá então em duas partes. A primeira parte, que é atribuída às fontes mais profundas, é relativamente forte e a baixas frequências e decai rapidamente. A segunda parte, que é atribuída ao conjunto de fontes pouco profundas, domina a extremidade de alta frequência do espetro. No caso geral, o espetro radial pode ser convenientemente aproximado por segmentos de reta, cujos declives se relacionam com as profundidades das possíveis camadas (Hahn *et al.*, 1976).

Os valores residuais da intensidade total do campo magnético foram utilizados para obter a transformada bidimensional de Fourier, da qual é extraído o espetro. A avaliação é efectuada utilizando um algoritmo que é uma extensão bidimensional da transformada rápida de Fourier convencional (Oppenheim e Schafer, 1975). De seguida, os intervalos de frequência foram subdivididos em subintervalos, que se encontram dentro de uma unidade de intervalo de frequência.

O espetro médio dos valores parciais em conjunto constitui o espetro de remarcação do campo anómalo (Hahn *et al.*, 1976, Kangkolo 1996, Udensi, 2001). O logaritmo dos valores de energia versus frequência numa escala linear foi traçado e os segmentos lineares identificados em cada gráfico. A utilização da Transformada Discreta de Fourier introduziu o problema do aliasing e do efeito de truncagem (ou fenómeno de Gibbs). O efeito de truncagem surge quando uma porção limitada de um mapa de anomalias aeromagnéticas é submetida à análise de Fourier, sendo difícil reconstruir as arestas vivas da anomalia com um número limitado de frequências. Este truncamento leva à introdução de oscilações espúrias em torno da região de descontinuidade. Isto significa que serão introduzidas frequências falsas no espetro. A aplicação de um cosseno-taper aos dados observados antes da transformação de Fourier reduzirá o efeito de truncagem. Finalmente, verificou-se que, na utilização da abordagem para a determinação da profundidade das fontes magnéticas, o erro na previsão da profundidade aumenta com a profundidade da fonte e está também relacionado com a dimensão do mapa (Pal *et al.*, 1978). A dimensão do mapa necessária para obter resultados adequados deve ser muito maior (cerca de 10 vezes) do que a profundidade do objetivo (Udensi, 2001). Os componentes de baixa frequência no espetro de energia são gerados a partir das camadas mais profundas, cujas localizações estão provavelmente erradas. Assim, é aconselhável ignorar os primeiros pontos do espetro de energia. (Udensi e Osazuwa, 2002). A profundidade média do enterramento do conjunto magnético é assim dada de acordo com (Hahn *et al.*, 1976) como

$$Z = -\frac{m}{2} \tag{3.5}$$

A equação (3.6) pode ser aplicada diretamente se a unidade de frequência estiver em radianos por quilómetro. Se, no entanto, a unidade de frequência for em círculos por quilómetro, a relação correspondente pode ser expressa como

$$Z = -\frac{m}{4\pi} \tag{3.6}$$

Esta melhoria afecta, no entanto, a gama de baixas frequências, que já foi assinalada como estando provavelmente errada. A gama de baixas frequências será evitada nas deduções que se seguem.
As localizações das secções estão indicadas na Tabela 1. Cada secção abrange a profundidade do conjunto de corpos anómalos (Hahn *et al.*, 1976). Foi utilizado um programa de computador LST para avaliar o espetro radial. Cada secção Gráfico do logaritmo das energias espectrais contra as suas frequências correspondentes para o bloco H e I são mostrados na Fig.4.6.e Fig.4.7 enquanto outros gráficos são mostrados no apêndice. Os primeiros pontos de vista gerados a partir das camadas mais profundas, cujas localizações estavam maioritariamente em erro, foram ignorados, uma vez que foi

estabelecido que o erro na estimativa da profundidade aumenta com a fonte (Pal *et al.*, 1978). Os gradientes dos segmentos lineares foram avaliados e Z=-m/2 foi utilizado para calcular a profundidade até aos corpos causadores.(Spector e Grant 1970).Onde Z é a profundidade média do enterramento do conjunto e é o declive do melhor ajuste. A partir da superfície terrestre para baixo, estas profundidades são apresentadas como Z1 e Z2 na Tabela 1. Cada secção corresponde a uma grelha quadrada de 19 x 19 pontos de campo residual. Estes pontos de grelha foram cossenotizados (Fedi *et al.*, 1997)

3.6 Obtenção de imagens de parâmetros de origem (SPI)

A função Source Parameter Imaging (SPI) é um método rápido, fácil e poderoso para calcular a profundidade das fontes magnéticas (Thurston e Smith, 1997). A sua exatidão demonstrou ser de +/- 20% em testes com conjuntos de dados reais com controlo total da perfuração (Thurston e Smith, 1997). Esta exatidão é semelhante à da deconvolução de Euler, mas o método SPI tem a vantagem de produzir um conjunto mais completo de pontos de solução coerentes e é mais fácil de utilizar (Thurston e Smith, 1997). Um objetivo declarado do método SPI (Thurston e Smith, 1997) é que as imagens resultantes possam ser facilmente interpretadas por um perito na geologia local. O método SPI (Thurston e Smith, 1997) estima a profundidade a partir do número de onda local do sinal analítico. O sinal analítico $A_1(x, z)$ é definido como (Nabighian, 1972)

$$A_1(x,z) = \frac{\partial M(x,z)}{\partial x} - j\frac{\partial M(x,z)}{\partial z} \tag{3.7}$$

Onde (X,Z) é a magnitude do campo magnético total anómalo, j é o número imaginário; z e x são coordenadas cartesianas para a direção vertical e a direção horizontal, respetivamente. Nabighian (1972) mostrou que as derivadas horizontal e vertical que compreendem as partes real e imaginária do sinal analítico 2D estão relacionadas da seguinte forma:

$$\frac{\partial M(x,z)}{\partial x} \Leftrightarrow -\frac{\partial M(x,z)}{\partial z} \tag{3.8}$$

Onde $\Leftrightarrow$ *denota um* par de transformações de Hilbert. O número de onda local k_1 é definido por (Thurston e Smith, 1997) como

$$k_1 = \frac{\partial}{\partial x} \tan^{-1} \left[\frac{\partial^2 M}{\partial^2 z} \Big/ \frac{\partial^2 M}{\partial x \partial z} \right] \qquad (3.9)$$

O conceito de um sinal analítico que inclui derivadas de segunda ordem do campo total, se utilizado de forma semelhante à utilizada por Hsu *et al.* (1996), a transformada de Hilbert e os operadores de derivada vertical são lineares, pelo que a derivada vertical de (3.9) dará o par de transformadas de Hilbert,

$$\frac{\partial^2 M(x,z)}{\partial x \partial z} \Leftrightarrow - \frac{\partial^2 M(x,z)}{\partial^2 z} \qquad (3.10)$$

Assim, o sinal analítico pode ser definido com base nas derivadas de segunda ordem, $A_2(x, z)$,
Onde

$$A_2(x,z) = \frac{\partial^2 M(x,z)}{\partial x \partial z} - j \frac{\partial^2 M(x,z)}{\partial^2 z} \qquad (3.11)$$

Isto dá origem a um número de onda local de segunda ordem k_2, em que

$$k_2 = \frac{\partial}{\partial x} \tan^{-1} \left[\frac{\partial^2 M}{\partial^2 z} \Big/ \frac{\partial^2 M}{\partial x \partial z} \right] \qquad (3.12)$$

Os números de onda locais de primeira e segunda ordem são utilizados para determinar o modelo mais adequado e uma estimativa de profundidade independente de quaisquer pressupostos sobre um modelo. Nabighian (1972) dá a expressão para o gradiente vertical e horizontal de um modelo de contacto inclinado como:

$$\frac{\partial M}{\partial z} = 2KFc \sin d \, \frac{h_c \cos(2l - d - 90) + x \sin(2l - d - 90)}{h_c^2 + x^2} \qquad (3.13)$$

$$\frac{\partial M}{\partial z} = 2KFc \sin d \, \frac{x \cos(2l - d - 90) + h_c \sin(2l - d - 90)}{h_c^2 + x^2} \qquad (3.14)$$

Em que K é o contraste de suscetibilidade no contacto, F é a magnitude do campo magnético terrestre (o campo indutor), $c = 1-\cos^2 i \sin^2 a$, a é o ângulo entre o eixo x positivo e o norte magnético, i é a inclinação do campo ambiente, $\tan I = \sin i / \cos a$, d é o mergulho (medido a partir do eixo x positivo), h_c é a profundidade até ao topo do contacto e todos os argumentos trigonométricos estão em graus. O sistema de coordenadas foi definido de modo a que a origem da linha de perfil (x = 0) esteja diretamente sobre a aresta. A expressão para a anomalia do campo magnético devido a uma folha fina mergulhada é (Reford, 1964)

$$M(x,z) = 2KF_{cw} \frac{h_1 \sin(2I - d) - x\cos(2I - d)}{h_c^2 + x^2} \qquad (3.15)$$

De acordo com Reford (1964), onde w é a espessura e $h1$ a profundidade até ao topo da folha fina. A expressão para a anomalia do campo magnético devido a um longo cilindro horizontal é dada, de acordo com Murthy e Mishra (1980), como

$$M(x,z) = 2KFS \frac{\sin i}{\sin I} \frac{(h_h^2 - x^2)\cos(2I - 180) + 2xh_h \sin(2I - 180)}{\left(h_c^2 + x^2\right)^2} \qquad (3.16)$$

Onde S é a área da secção transversal e h_i é a profundidade até ao centro do cilindro horizontal. Substituindo as equações (3.9), (3.10), (3.11) e (3.12) na expressão para a primeira e segunda ordem (i.e. equações (3.13) e (3.7) respetivamente), os números de onda locais foram obtidos como

$$k_1 = \frac{(n_k + 1)h_k}{h_k^2 + x^2} \qquad (3.17)$$

$$k_2 = \frac{(n_k + 2)h_k}{h_k^2 + x^2} \qquad (3.18)$$

CAPÍTULO 4
RESULTADOS E DISCUSSÃO

4.1   Mapa de Intensidade Magnética Total

O mapa da intensidade magnética total (TMI) da zona de estudo é apresentado na figura 4.1 e o mapa de contorno é apresentado na figura 4.2. O mapa de TMI sombreado a cores da área de estudo pode ser dividido em três secções principais, embora existam depressões menores espalhadas por toda a área. A parte norte da área de estudo é predominantemente caracterizada por valores elevados de intensidade magnética representados pelas cores rosa-vermelho, enquanto a parte sul é dominada por valores baixos e moderados de TMI representados pelas cores azul e verde, respetivamente. Observou-se que as partes norte e sul da área de estudo estão separadas por uma zona caracterizada por valores médios de TMI, representados por cores amarelo-alaranjadas. Estes valores elevados de TMI, que dominam a parte norte da área de estudo, foram interpretados como sendo causados provavelmente por rochas ígneas próximas da superfície com valores elevados de susceptibilidades magnéticas. As amplitudes baixas (i.e. valores de TMI) foram interpretadas como sendo causadas por rochas sedimentares de baixa suscetibilidade magnética ou rochas basais alteradas. Enquanto os valores altos de TMI foram devidos a rochas ígneas e cristalinas do subsolo. O mapa de contorno dos valores de TMI mostra que a parte sudeste (SE) e a parte inferior da parte nordeste (NE) estão predominantemente associadas a anomalias de comprimento de onda curto, enquanto a parte restante da área de estudo é dominada por anomalias de comprimento de onda longo. As tendências das anomalias foram observadas ao longo das direcções (NE-W), (E.W, N.S) e (NW-SW).

4.2   Mapa de Intensidade Magnética Regional

O mapa de intensidade magnética regional sombreado a cores da área de estudo é apresentado em Figura.4.3. O mapa sombreado a cores mostrou que os valores da intensidade magnética regional variam entre 32.860 nT e 33.160 nT e os valores aumentam da parte sudoeste SW em direção à parte nordeste (NW) da área de estudo. A tendência do mapa regional é ao longo da direção noroeste-sudeste (NW-SE).

4.3   Mapa de Intensidade Magnética Residual

A Figura 4.4 mostra o mapa de intensidade magnética residual sombreado por cores da área de estudo. O mapa residual é caracterizado por valores magnéticos positivos e negativos. Como se pode ver no mapa, as cores rosa e vermelha representam valores positivos elevados. A cor amarela representa valores positivos baixos. No entanto, as cores azul e verde representam valores negativos altos e baixos, respetivamente. Os valores de intensidade magnética residual variam entre -65 nT e 42 nT. Os valores negativos de intensidade magnética são mais predominantes na secção sudeste da área de estudo, enquanto a metade norte está predominantemente associada a valores positivos de intensidade magnética. Observou-se que as tendências das anomalias do campo residual são concordantes ao longo das direcções nordeste-sudoeste (NE-SW), noroeste-sudeste (NW-SE) e leste-oeste (E.W).

4.4   Continuação ascendente e mapa de intensidade magnética regional

Os mapas contínuos ascendentes a 2 km, 5 km, 10 km, 15 km e 20 km são mostrados na Figura 5 a-e, respetivamente. Na altura de 2 km, a maioria das anomalias de comprimento de onda curto na área de estudo foram filtradas. Visível, embora ligeiramente mais refinado do que o mapa de intensidade magnética total. Podem ser observadas quatro secções. As porções central e sul do mapa estão predominantemente associadas às cores azul e verde, com poucos vestígios de cores rosa e amarela. No entanto, algumas anomalias de comprimento de onda curto ainda eram predominantes no mapa contínuo ascendente. Na parte norte do mapa, predominam as cores rosa e vermelha com intercalação de cores verdes.

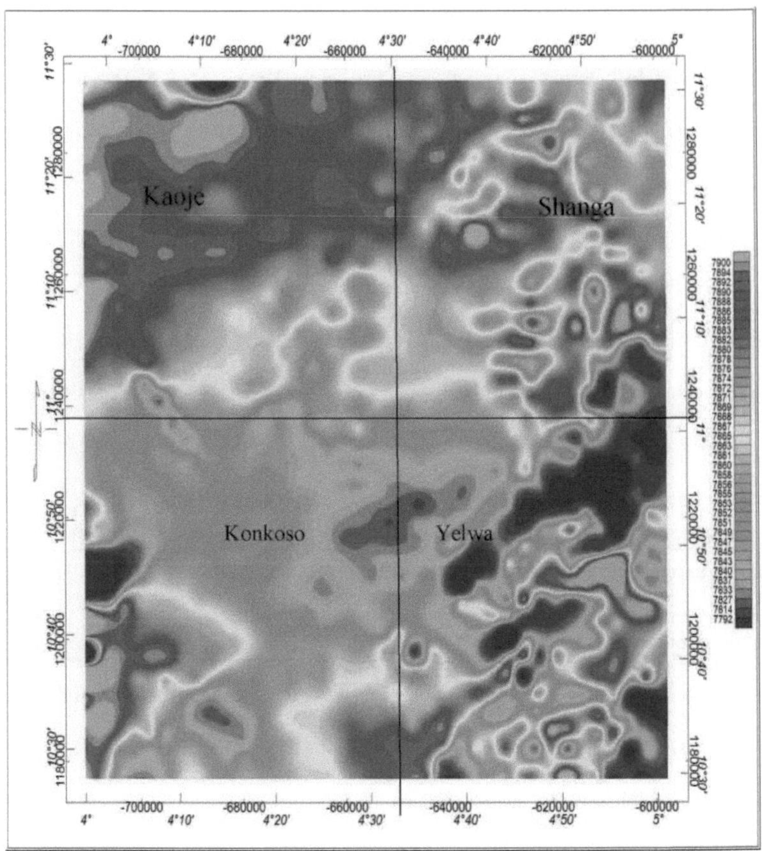

Figura 4.1: Mapa de intensidade magnética total (TMI) da área de estudo. Para obter os valores reais, 25000 nT devem ser adicionados aos valores sombreados a cores.

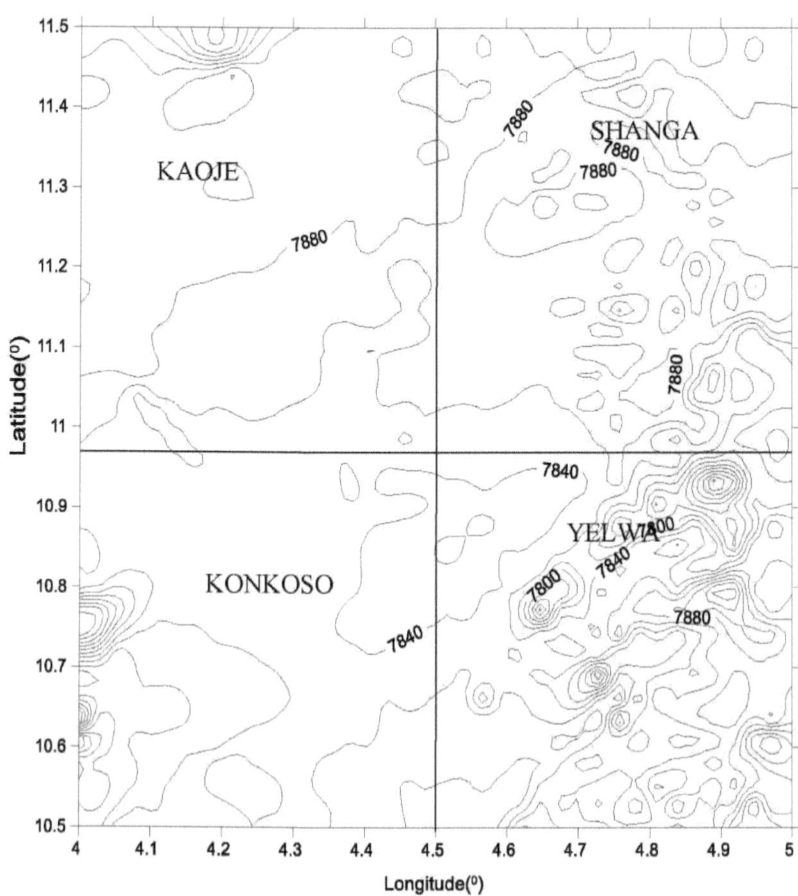

Figura 4.2: **Mapa de contornos de intensidade magnética total (intervalo de contorno, 20 nT).** Para obter os valores reais, devem ser adicionados 25000 nT aos valores de contorno.

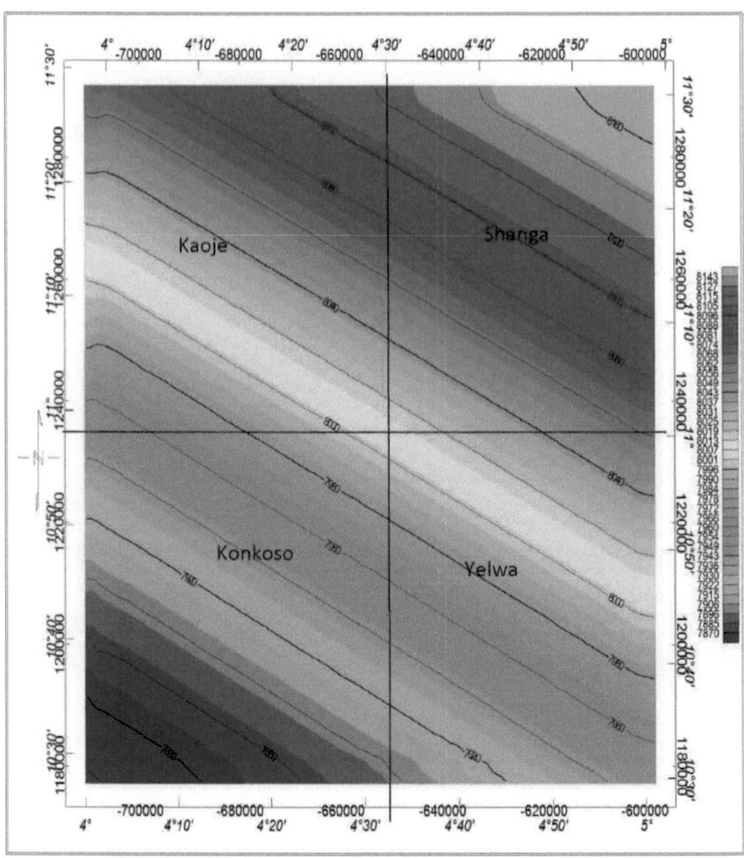

Figura 4.3: Mapa de Intensidade Magnética Regional da Área de Estudo. Para obter o valores reais devem ser adicionados 25000 nT.

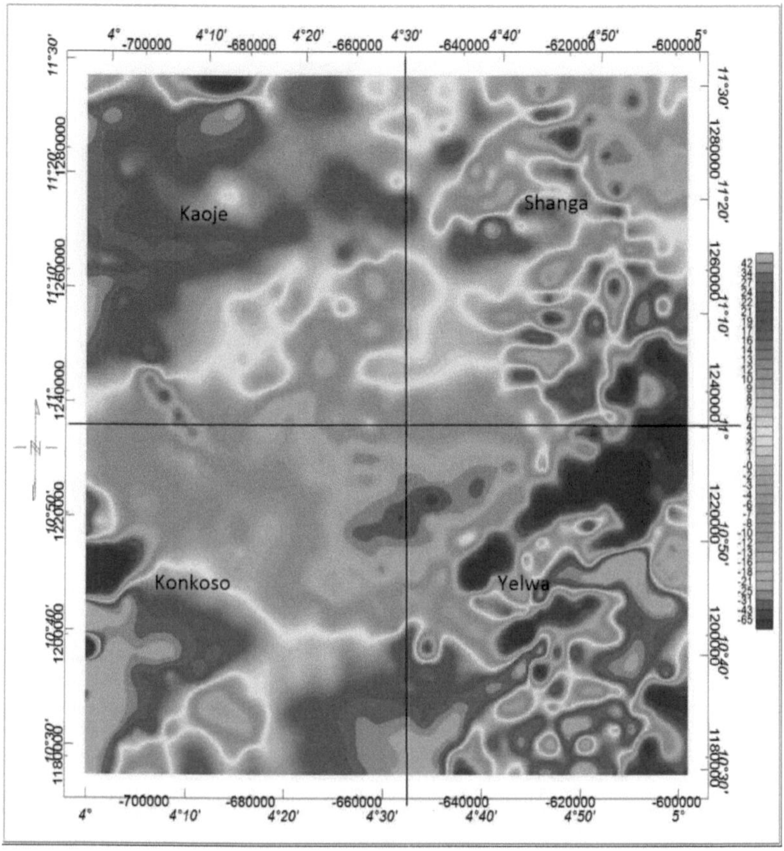

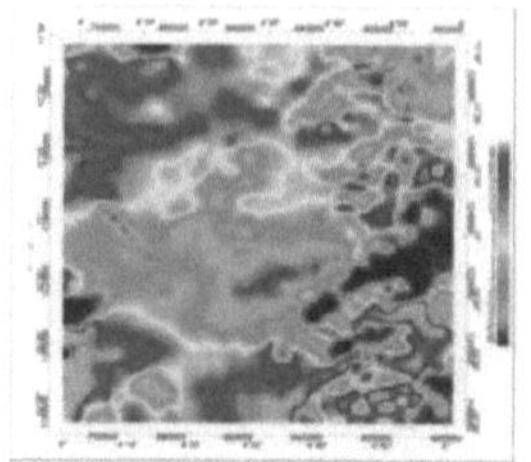

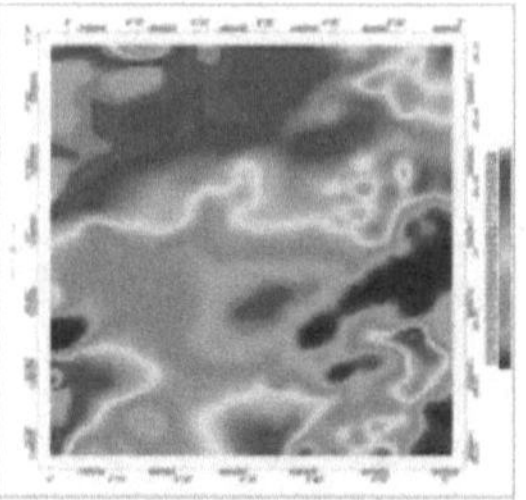

Figura 4.4: Mapa de Intensidade Magnética Residual da Área de Estudo

Mapa de Intensidade Magnética Residual da Área de Estudo Fig 4.5a Continuação ascendente a 2 km

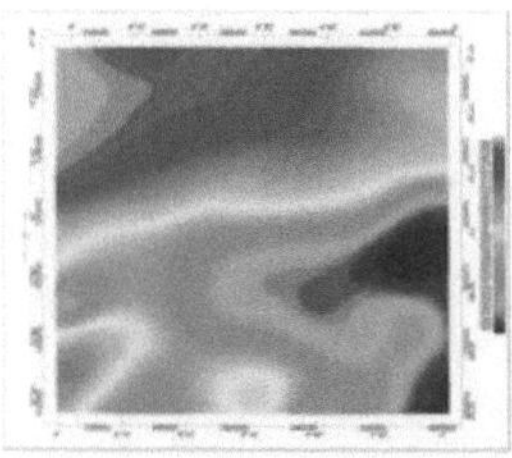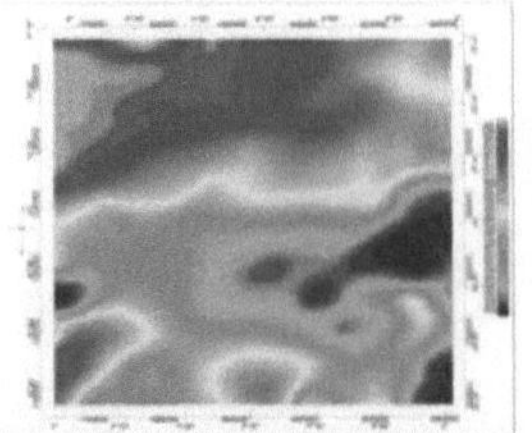

Fig 4.5c Ascendente Continuada a 10 km Fig 4.5b Ascendente Continuada a 5 km

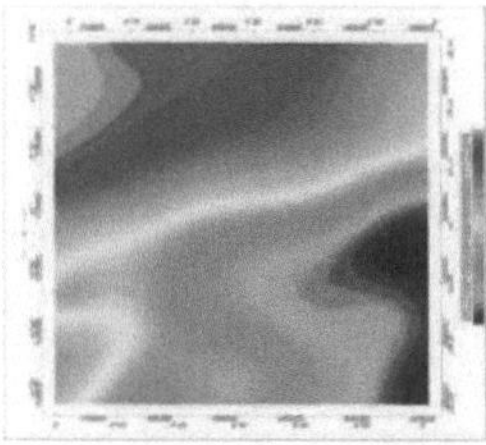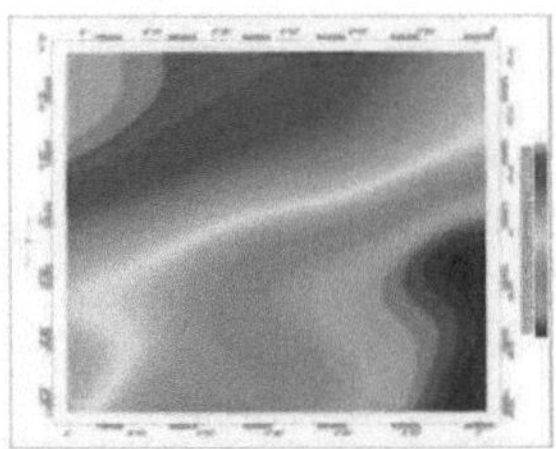

Fig 4.5d Ascendente Continuação a 15 km Fig 4.5e Ascendente Continuação a 20 km

Figura 4.5a-e: Mapa de Continuação Ascendente a (a) 2km, (b) 5km, (c) 10km (d) 15km e (e) 20 km

O mapa TMI contínuo ascendente a 5 km mostrado na Figura 4.5 (b), o mapa mostrou que as anomalias de comprimento de onda curto foram completamente filtradas e as características do subsolo são proeminentes. A fronteira que separa o subsolo e as áreas sedimentares foi interpretada e a estrutura da falha foi observada. A parte inferior do mapa é predominantemente vermelha e cor de laranja com poucos vestígios de verde e azul. Uma cor azul clara e verde é observada no meio deste mapa. A secção norte é caracterizada por cores vermelhas e rosa claro com poucos vestígios de cores amarelas. A secção central é dominada por cores verdes e azuis claras, com poucos vestígios de azul escuro nesta parte do mapa.

O mapa da continuação ascendente a 10 km, 15 km e 20 km acima do nível de voo é mostrado na Figura 4.5 (c), Figura 4.5 (d) e Figura 4.5 (e), respetivamente. Também a esta altura, as estruturas do subsolo parecem bastante distintas das áreas sedimentares. As áreas associadas aos valores magnéticos, foram encontradas na parte noroeste da área de estudo a 10 km e 15 km, enquanto a 20 km as áreas de valores magnéticos mais baixos, foram encontradas na parte sudoeste da área de estudo. A este nível de 10 km, 15 km e 20 km, é evidente o desaparecimento progressivo das perturbações (ruídos) devido ao efeito superficial das anomalias magnéticas, reforçando assim os efeitos regionais de forma distinta.

4.5   Resultados da análise de profundidade

Na análise em profundidade, foram utilizados dois (2) métodos. Os dois métodos são:

4.5.1.   Método de análise espetral

4.5.2.   Método SPI (Source Parameter Imaging)

4.5.3.   Método de análise da profundidade espetral.

O resultado da análise espetral das nove secções realizadas na área de estudo é apresentado na Tabela 1. Os resultados revelaram que duas camadas magnéticas proeminentes estão associadas a todos os blocos. A profundidade da primeira camada varia de 0,589 km a 1,249 km, enquanto a profundidade da segunda camada varia de 2,506 km a 3,174 km. A primeira camada magnética é atribuída a arenitos ferruginosos e ferrosos lateríticos dentro e perto da superfície. O mapa de contorno dos valores de profundidade da primeira camada (Figura 4.8) mostra que a profundidade das intrusões magnetizadas intra-sedimentares é mais profunda na parte central da área e diminui em direção aos flancos leste e oeste. Por outro lado, a segunda camada magnética pode ser atribuída à intrusão de rochas magnéticas na superfície do subsolo e/ou a descontinuidades laterais nas susceptibilidades do subsolo. A profundidade da segunda camada varia entre 2,506 km e 3,174 km, representando assim a profundidade do subsolo na área ou a espessura das formações sedimentares que se sobrepõem ao complexo do subsolo. O mapa de contorno da profundidade do subsolo mostrou que a profundidade do subsolo se aprofunda a partir da parte noroeste (NW) da área de estudo em direção a Kaoje até atingir uma profundidade máxima de 3,174 km e depois sobe em direção aos flancos. A figura mostra assim uma estrutura sub-basal (NE-SW) entre Kaoje e Shanga. O gráfico de superfície 3D da profundidade do subsolo da Figura 4.15 mostra claramente a estrutura acima mencionada. E um pavimento do subsolo irregular resultante de uma dobragem suave das rochas do subsolo.

4.5.4. Método de imagem dos parâmetros de origem

Os resultados internos de valores numéricos do Source Parameter Imaging (SPI) não colaboram bem com os da análise espetral.

4.5.5. Mapa de contorno

O mapa de contorno e o gráfico de superfície para a profundidade da primeira e segunda camadas da área de estudo foram mostrados na Figura.4.8, Figura.4.9, Figura.4.10. E Figura.4.11. O mapa de contorno da profundidade da segunda camada (z_2) mostrou que a área de estudo é mais profunda na parte sudeste, em torno da folha número 117, na área de Konkoso, o que coincide com o gráfico de superfície 3D.

4.6 Imagem do parâmetro de origem

O mapa sombreado por cores das estimativas de profundidade obtidas a partir do método (SPI) é apresentado na Figura 4.12. Os resultados obtidos a partir do método Source Parameter Imaging (SPI) têm a sua maior espessura sedimentar de cerca de 2,4 km a 3 km nas áreas em torno de Kaoje em direção à parte central até cerca de Konkoso na parte sul. A espessura sedimentar superficial foi encontrada predominantemente à volta de Shanga na parte nordeste (NE), até à volta de Yelwa na parte sudeste (SE). O mapa de cores sombreadas dos valores de profundidade também sugeriu que os valores óptimos de profundidade variam de 2,172 km a 2,396 km em Kaoje e arredores, na parte noroeste (NW) até Konkoso e arredores na parte sudoeste (SW). O valor da profundidade varia de 0,768 km a 2,396 km. Observou-se que as estruturas pouco profundas, representadas por argilas vermelhas e cor-de-rosa, dominam a parte oriental da área, enquanto as estruturas mais profundas dominam a parte ocidental.

4.7 Prospeção de hidrocarbonetos na área de estudo

A presença de hidrocarbonetos e o seu potencial é frequentemente inferida a partir da espessura dos sedimentos de uma bacia sedimentar e das estruturas geológicas existentes no subsolo que formam armadilhas para o petróleo e o gás. Os sedimentos devem atingir uma espessura limite e também estar termicamente amadurecidos para que a degradação térmica dos materiais orgânicos forme petróleo e/ou gás. A espessura sedimentar necessária para a formação de hidrocarbonetos (petróleo e gás) varia de local para local. De acordo com Cornford (1990), Gluyas e Swarbrick (2005), a espessura mínima necessária para a produção de hidrocarbonetos varia entre 2 e 4 km e entre 3 e 7 km para a produção de gás. Com base nisto, a espessura sedimentar em torno das áreas de Konkoso e Kaoje é suficiente para justificar investigações adicionais de hidrocarbonetos.

Tabela 1: Profundidade estimada para as fontes magnéticas superficiais (profundidade1) **e profundas**
(profundidade2) **fontes magnéticas em quilómetros.**

Section	Sheet Name	Longitude	Latitude	Z_1(km)	Z_2(km)
A	Konkoso	4.25	10.75	0.922	2.705
B	Yelwa	4.75	10.75	0.773	2.601
C	Kaoje	4.25	11.25	0.843	2.673
D	Shanga	4.75	11.25	0.589	2.506
E	Konkoso/Yelwa	4.50	10.75	1.169	2.840
F	Kaoje/Shanga	4.50	11.25	1.249	3.111
G	Konkoso/Kaoje	4.25	11.00	1.058	3.174
H	Yelwa/Shanga	4.75	11.00	0.827	2.951
I	Konkoso, Yelwa Kaoje, Shanga	4.50	11.00	1.010	2.824

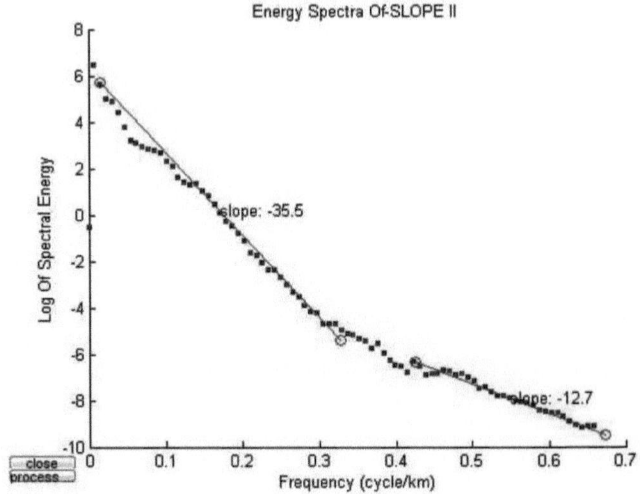

Figura 4.6: Espectro de energia do bloco I.

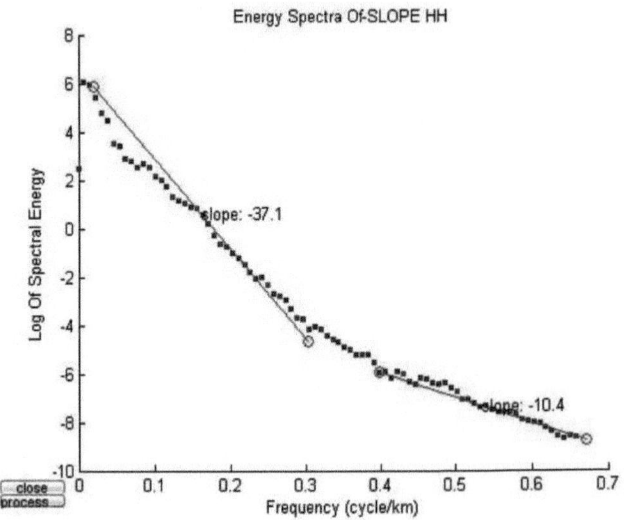

Figura 4.7: Espectro de energia do bloco H.

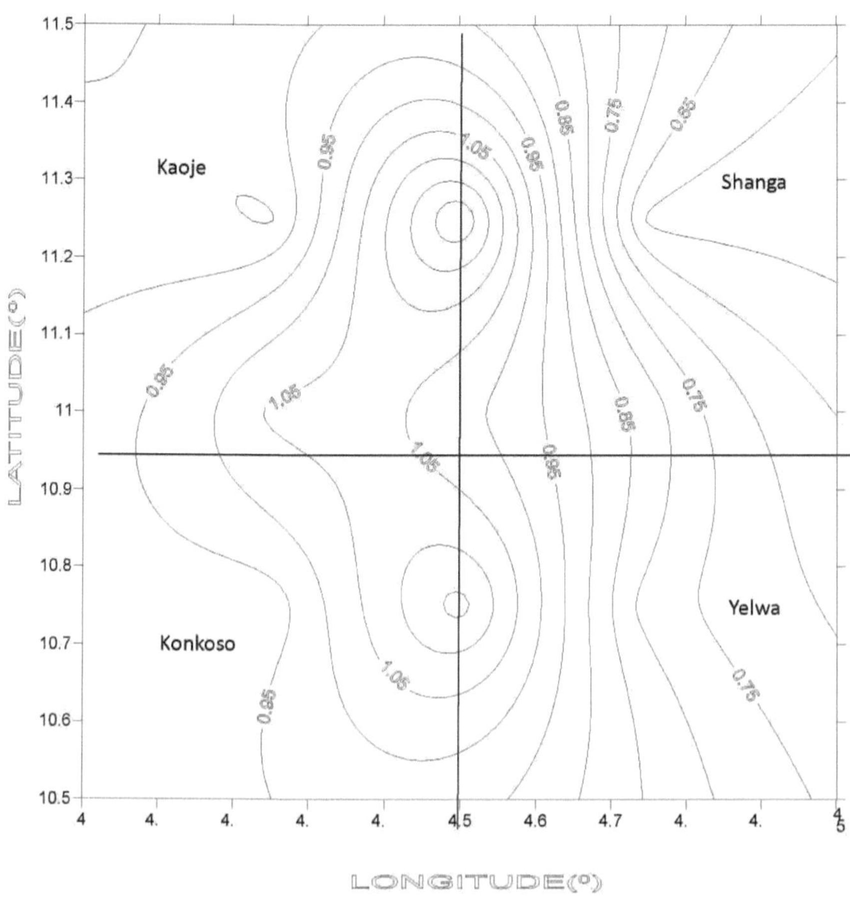

Figura 4.8: Mapa de contorno da profundidade da primeira camada (contornado a um intervalo de 0,05 nT)

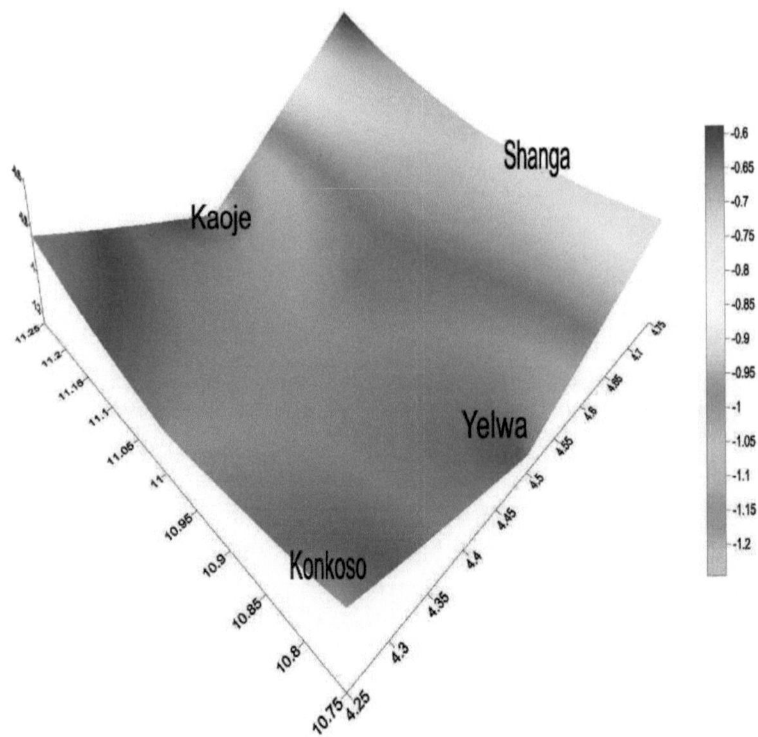

Figura 4.9: Gráfico de superfície 3D da profundidade da primeira camada

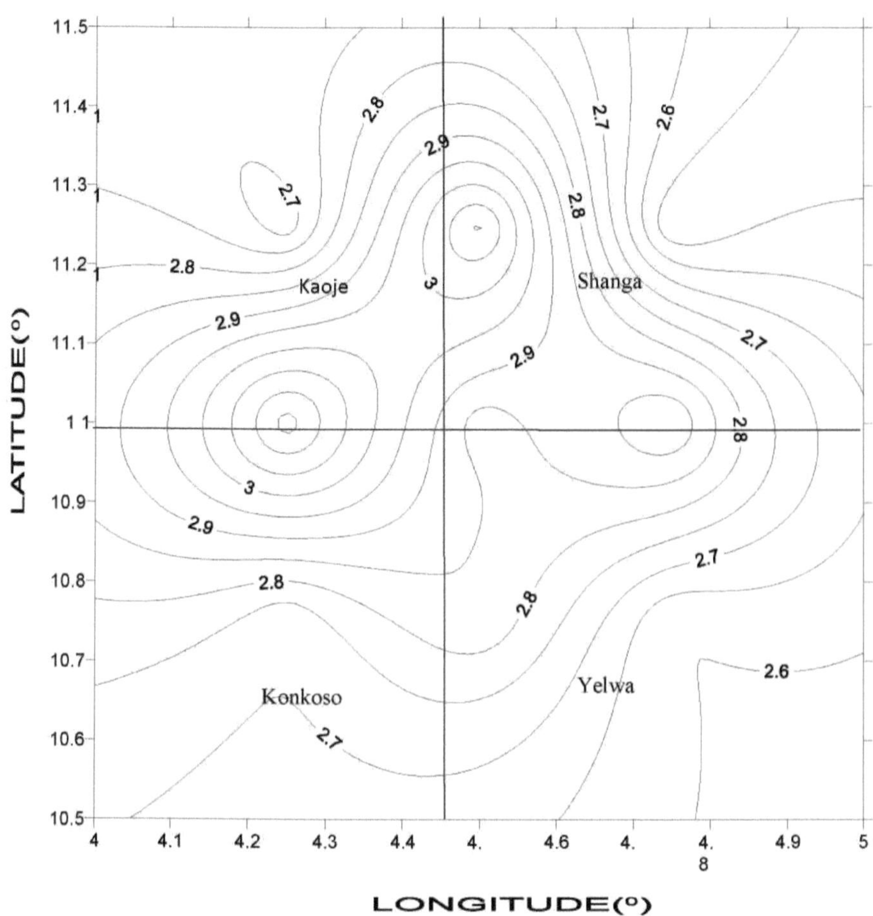

Figura 4.10: Mapa de contorno da profundidade da segunda camada (contornado a um intervalo de 0,05 nT)

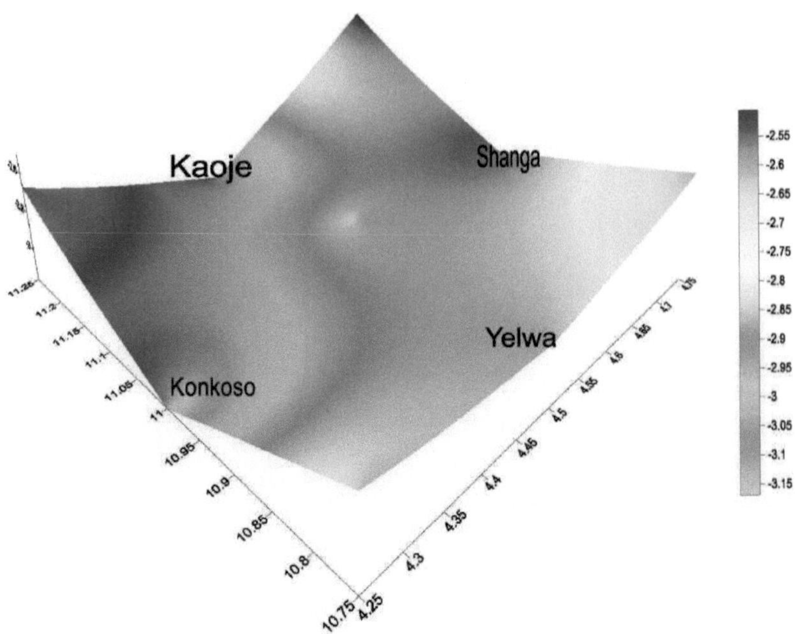

Figura 4.11: Gráfico de superfície 3D da profundidade da segunda camada

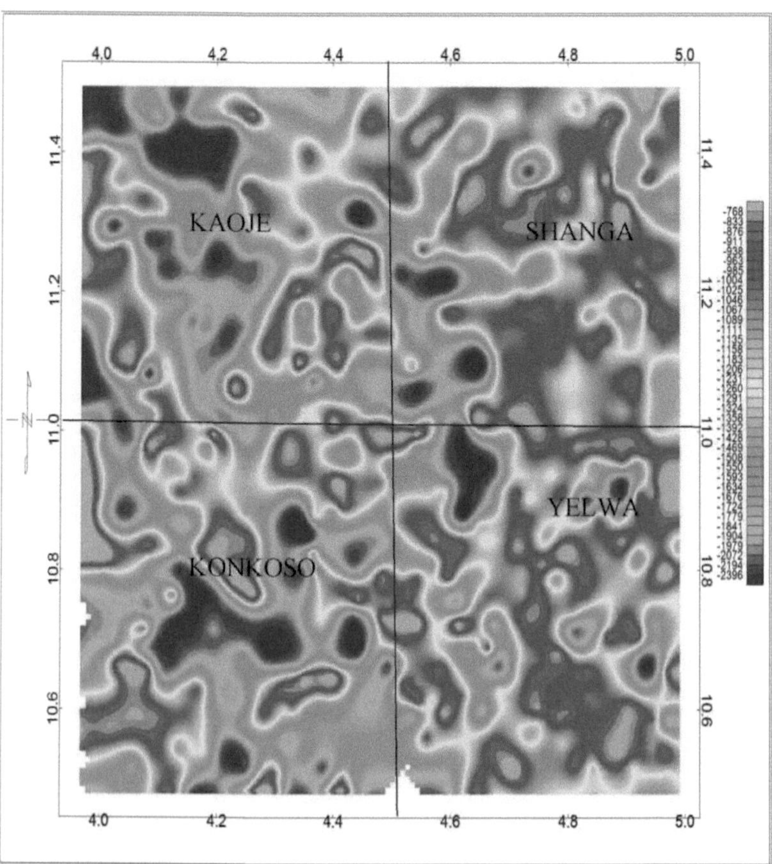

Figura 4.12: **Mapa de profundidades SPI da área de estudo**

CAPÍTULO 5

RESUMO, CONCLUSÕES E RECOMENDAÇÕES

5.1 . Resumo

A interpretação dos valores de (TMI) sobre as áreas de Shanga, Kaoje, Konkoso e Yelwa foi efectuada utilizando a análise espetral, a imagem dos parâmetros da fonte (SPI) e o método de continuação ascendente.

Os resultados da análise espetral dos dados aeromagnéticos sobre a área de estudo identificaram dois horizontes magnéticos principais sob a área, o segmento de baixa frequência do gráfico espetral representa fontes mais profundas, e o segmento de frequência mais elevada representa as fontes magnéticas mais superficiais. O valor de Z2 obtido na Tabela 1 foi utilizado para produzir o mapa de contorno da profundidade espetral das segundas camadas. Figura 4.10. e Figura 4.11. São os gráficos de superfície da profundidade da segunda camada. Enquanto o valor z_i obtido na Tabela 1. Foi utilizado para produzir o mapa de contorno da profundidade da primeira camada. Figura.4.8. e Figura.4.9. É o gráfico de superfície da profundidade da primeira camada.

(1) . As primeiras camadas, que são as mais superficiais das fontes magnéticas resultantes da análise acima, podem ser atribuídas maioritariamente ao capeamento laterítico de arenitos e aos efeitos das rochas magnéticas do subsolo circundante.

(2) A segunda camada, que é de origem mais profunda, pode ser atribuída à intrusão magnética no subsolo. Outra origem provável das anomalias magnéticas que contribuem para esta camada é a variação lateral nas susceptibilidades do subsolo e as características intrabasais como falhas e fracturas (kogbe, 1981). Em ambos os casos, podemos razoavelmente deduzir que o valor Z2 obtido a partir da análise espetral acima representa a profundidade média do complexo do subsolo da secção considerada. Estas fontes de profundidade que são representadas pela componente de baixa frequência do espetro são consideradas como reflectindo a profundidade do subsolo magnético. Um mapa generalizado da profundidade do subsolo magnético produzido a partir dos resultados da

profundidade da análise espetral sobre a área, revela uma superfície do subsolo pouco profunda, com uma média de 2,84 km. Sedimentação mais profunda. Uma comparação da estimativa de profundidade com os trabalhos anteriores de Bonde *et al.* (2014); Udensi (2013); Adetona *et al.* (2007).

O resultado do método da Continuação Ascendente é que a profundidade do subsolo é maior na secção sudeste da área de estudo do que na outra parte da área de estudo.

O resultado do método de imagem dos parâmetros de origem não mostra uma tendência particular, mas os valores de profundidade são relativamente mais elevados do que os valores obtidos com o método espetral.

5.2 Conclusões

Os resultados obtidos neste estudo, utilizando o método de análise espetral, a imagem de parâmetros de fonte e o método de continuação ascendente, mostram que a área de estudo tem uma espessura sedimentar de cerca de 3,174 km. Um significado importante deste resultado está na sua consideração da perspetiva de hidrocarbonetos da bacia. Se todas as outras condições para a acumulação de hidrocarbonetos forem favoráveis, e o gradiente médio de temperatura de 1° C por 30m que se obtém no Delta do Níger for aplicável, então a espessura máxima dos sedimentos para atingir a temperatura limite de 115° C para a ocultação da formação de petróleo a partir de restos orgânicos (Wright *et al.*, 1985) seria de 2,3 km. O resultado obtido mostra que a perspetiva de acumulação de hidrocarbonetos pode ser promissora.

5.3 Recomendações

(1) Recomenda-se um levantamento sísmico pormenorizado em torno de Kaoje e Konkoso, pois estas são as áreas onde se encontram os sedimentos mais elevados neste levantamento.

(2) Os dados aeromagnéticos de alta resolução recentemente adquiridos devem ser utilizados utilizando outras profundidades diferentes, de modo a mostrar mais luz sobre as perspectivas de hidrocarbonetos da área.

REFERÊNCIAS

Abdulsalam, N., Mallam, A. e Likkason, K. O. (2011). Identificação de características lineares utilizando filtros de continuação sobre a área de Koton Karifi, Nigéria, a partir de dados aeromagnéticos. *World Rural Observation, 3(1): 1-8.*

Adetona, A.A., Udensi, E.E. e Agelaga, A.G. (2007). Determinação da profundidade das rochas magnéticas enterradas sob a bacia inferior de Sokoto, Nigéria, utilizando dados aeromagnéticos. *Jornal Nigeriano de Física, 19(2): 275-283.*

Ayoola, E.O., Amaechi, M. e Chukwu, R. (1982). Nigeria's newer petroleum exploration provinces Benue, Chad and Sokoto Basin. *Journal of Mining and Geology, 19: 72-85.*

Ayuba, B.H. (1999), A three Dimensional interpretation of Aeromagnetic Anomaly near Dange, Sokoto state, Nigeria. *Tese de mestrado não publicada, Departamento de Física da Universidade Ahmadu Bello de Zaria, Nigéria.*

Bellion, Y.C. (1989). Histoire Geodynamique Post-Paleozoique de I' oust d' apres I' etude Dequelques Bassins Sedimentaires (Senegal, Taoudenni, Iullemmeden, Tehad). Publicação Ocasional do Centro Internacional de Formação e *Intercâmbio Geológico, 17: 1-302.*

Bonde, D.S., Udensi, E.E. e Rai, J.K. Joshua B.W. e Abbas, M. (2014). Estimativas de profundidade do subsolo da Bacia de Sokoto, noroeste da Nigéria, usando análise de profundidade espetral. *SGJGER, 1 (14): 078-085.*

Cordell, L e Grauch, V.J. S. (1985). *Mapeamento de zonas de subsolo a partir de dados magnéticos na bacia de Sanjuan, Novo México*: apresentado na 52nd Reunião Internacional Anual, Sociedade ou Exploração, Geofísico, Dallas EUA.

Cornford, C. (1990). Rochas geradoras e hidrocarbonetos do Mar do Norte. Em Glennie, K.W. (Ed) Petroleum Geology of the North Sea. Basic Concepts and Recent Advances. Blackwell Science, Oxford, *376-462.*

Dobrin, M.B. (1976). *Introduction to Geophysical Prospecting*, 3rd edition, McGraw Hill Book Co. Inc, Nova Iorque.

Falconer, J.D. (1911). The geology and Geography of Northern Nigeria. *Universal Journal of Geoscience, 2(3): 93-103.*

Fedi, M., Quarta, T. e De Santis, A. (1997). Comportamento inerente à lei de potência dos espectros de campo magnético de um conjunto de Spector e Grant: *Geophysics, 62: 1143-1150.*

Guiraud, R. e Maurin, J.C. (1992). Fendas do Cretáceo inicial da África Ocidental e Central: *An Overview. Tectono-Física, 214: 811-823.*

Gluyas, J. e Swarbrick, R. (2005). Petroleum Geosciences. *Black-well Science, Oxford, 358*

Hamza, H. e Garba, I. (2010).Desafios da Exploração e Utilização de hidrocarbonetos na Bacia de Sokoto. Trabalho apresentado na Conferência Internacional sobre o Potencial de Prospeção de Hidrocarbonetos na Bacia de Sokoto em 11th maio, 2009 na *Universidade Usman Danfodiyo Sokoto. Nigéria.*

Hahn, A., Kind, E. e Mishra, D.C. (1976) Depth Estimate of Magnetic Sources by means of Fourier amplitude Spectra, *Geophysical Prospecting, 24:287-308.*

Henderson, R. (1960). Um sistema abrangente de computação automática na interpretação magnética e gravitacional: *Geophysics, 25: 569-585.*

Hsu, S.K., Sibult, J.C., e Shyu, C.T. (1996). Deteção de alta resolução de limites geológicos a partir de anomalias de campo potencial; *uma técnica de sinal analítico melhorada. Geophysics, 53:* 31-48. *http//:dx.do;.org/10.1190/1.1443966.*

Huntings Geology and Geophysical ltd (1976). Airbone Magnetometer Survey Contour of Total intensity Map of Nigeria. *Série Airbone Geophysical.*

Ishaq, Y. e Udensi, E.E. (2010). Estimativa da espessura sedimentar na parte norte da Bacia de Sokoto, Nigéria. Usando dados aeromagnéticos.

Johnson, W.W. (1969). A least-Squares Method of Interpreting Magnetic Anomalies Caused by two-dimensional structures. *Geofísica,* **34:** 65-74.

Jones, B. (1948). As rochas sedimentares da província de Sokoto. *Boletim Geological survey of Nigeria,18: 1-75.*

Kangkolo, R. (1996). A Detailed Interpretation of the Aeromagnetic field over the Manfe Basin of Nigeria and Cameroon. Tese de doutoramento não publicada, Universidade Ahmadu Bello, Zaria, Nigéria.

Kearey, P. Books, M. e Hill, I. (2004), An introduction to Geophysical Exploration. *Terceira edição, Black- well publishing company.*

Kogbe, C.A. (1979). Geologia do Sector Sudeste (Sokoto) da Bacia de Lullmmeden. *Boletim, Departamento de Geologia. Universidade Ahmadu Bello, Zaria*: 32-142.

Kogbe, C.A. (1981) Cretáceo e Terciário da Bacia de Lullemmededen na Nigéria (África Ocidental).*Cretaceous Research, 2: 129-186.*

Kogbe, C.A. (1976). Paleogeographic history of Nigeria from Albian times, in *C.A. (Ed), geology of Nigeria. Elizabethan Publishers, Lagos: 15-35.*

Mekonnen, T.K. (2004). Interpretação e Geodatabase de Dukes usando dados Aeromagnéticos do Zimbabué e Moçambique. Tese de Mestrado, Instituto Internacional de Ciência da Geoinformação e Observação da Terra, Enschede, Países Baixos. *Recuperado de http://www.slideservice.com/phila/ partners. Publicado online: setembro, 2012.*

Murthy, K.S.R. e Mishra D.C. (1980). Transformada de Fourier da expressão geral para a anomalia magnética devida a um cilindro horizontal longo. *Geophysics,* **45:** *10911093.*

Nabighian, M.N. (1972). O sinal analítico de corpos magnéticos bidimensionais com secção transversal poligonal. Its Properties and use for Automated *Anomaly Interpretation Journal Geophysics, 37 (3):507-517.*

Obaje, N.G. (2009). *Geology and Mineral Resources of Nigeria,* Lecture Note in Earth Sciences, Springer, 77-87.

Okosun, E.A. e Alkali, Y.B. (2013). A geoquímica, origem e avaliação de reservas do depósito de fosfato de Sokoto, noroeste da Nigéria. *Journal of Earth Science Research, 2(2): 111-121.*

Okosun, E.A. (1989). A review of the stratigraphy of Dange formation (Paleocene), Northwestern Nigeria. *Newsletter Stratigraphy Berlin, Stuggart, 21: 39-47.*

Olasehinde, O.D. (2009). Investigação do potencial de fontes geotérmicas de parte do Delta do Níger, Nigéria, usando dados aeromagnéticos. *Tese de Mestrado não publicada, Universidade Federal de Tecnologia, Minna, Níger, Nigéria. 34-44.*

Oppenheim, A.V. e Schafer, R.W. (1975). Digital Signal Processing. Prentice-Hall International, Inc., N.J. 1227-1296

Pal, P.C. Khurana, K.K. e Unnikrishnan, P. (1978). Dois exemplos de Abordagem Espectral para Estimativa de Profundidade de Fontes em Gravidade e Magnética. *Geophysics, 772-783.*

Reford, M.S. (1964). Cálculo rápido do melhor conjunto de parâmetros de anomalias magnéticas bidimensionais. *Geoexploration, 11 (1): 187-193.*

Sharma, P.V. (1987) Magnetic Method Applied to Mineral Exploration. *Ore Geology Reviews, 2:323-357.*

Shehu, A.T.,Udensi, E.E, Adeniyi,J.O e Jonah, S.A.(2004). Análise espetral de anomalias residuais magnéticas na bacia superior de Sokoto, Nigéria. *Zuma Journal of pure and Applied Science, 6(2): 37-49.*

Skeels, D.C. (1967). What is Residual Gravity? *Geophysics, 32:872-876.*

Spector, A. e Grant, F.S. (1970).Statistical Models for Interpreting Aeromagnetic Data. *Geophysics,* 35:293-302.

Thurston, J.B. e Smith, R.S. (1997). Conversão automática de dados magnéticos para profundidade, mergulho e contraste de suscetibilidade utilizando o método SPI. *Geophysics, 62: 807-813.*

Udensi, E. E., e Osazuwa, I. B. (2002). Modelação bidimensional e semi-dimensional das principais estruturas subjacentes à Bacia de Nupe, Nigéria, utilizando dados aeromagnéticos. *Nigerian Journal of Physics,* **14***(1): 55-61.*

Udensi, E.E. (2001). Interpretation of the Total Magnetic field over the Nupe Bain in West Central Nigeria Using aeromagnetic Data, *Tese de Doutoramento não publicada, Universidade Ahmadu Bello, Zaria, Nigéria.*

Udensi, E.E. (2013) 24th Inaugural Lectures, Entitulado: Subduing the Earth with *Exploration Geophysics:* My Contribution.

Umego, M.N. (1990). Structural Interpretation of Gravity and Aeromagnetic Anomalies Over Sokoto Basin Northern-eastern Nigeria. *Tese de doutoramento não publicada, Universidade Ahmadu Bello, Zaria, Nigéria.*

Uwah, J.E. (1984). Investigação de anomalias radiométricas por métodos nucleares e outros (um estudo de caso da bacia de Sokoto, na Nigéria). *Tese de doutoramento não publicada, Departamento de Física da Universidade Ahmadu Bello, Zaria, 1-135.*

Wright, J. B., Hastings, D. A., Jones, W. B. e Williams, H. R. (1985). Geology and Mineral Resources of West Africa (Geologia e Recursos Minerais da África Ocidental). *George Allen and Erwin, Londres: 90-120.*

APÊNDICES

Restante gráfico das energias espectrais em relação à frequência para as secções a, b, c, d, e, f e g.

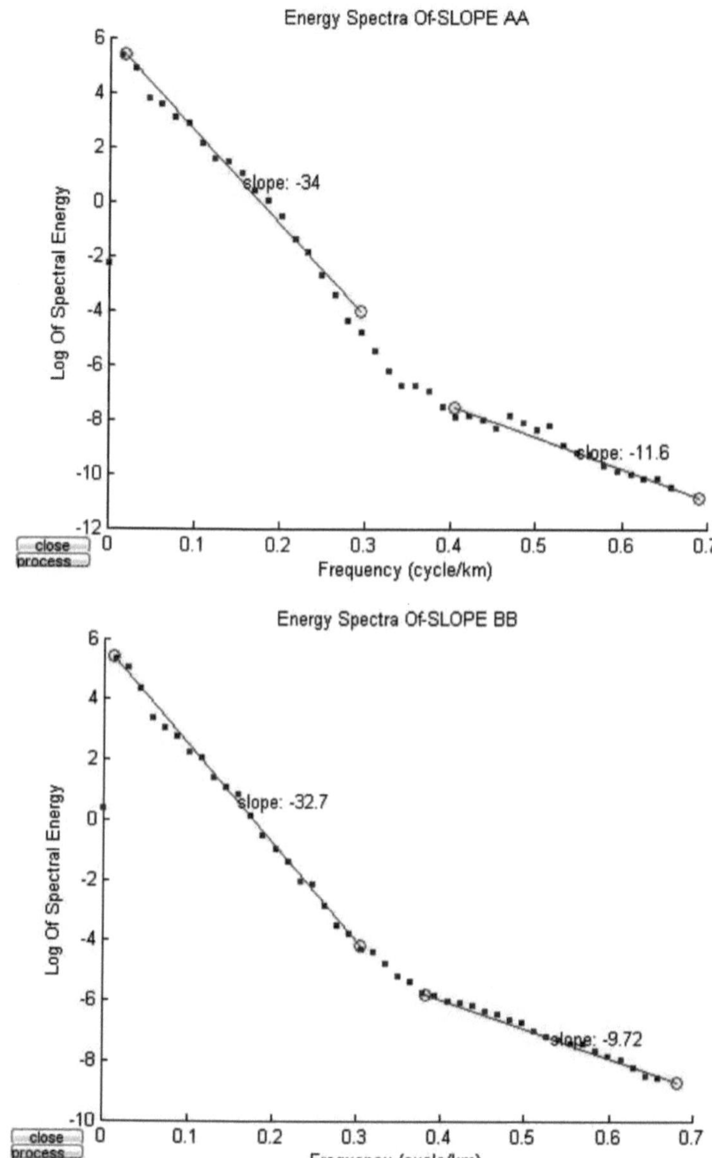

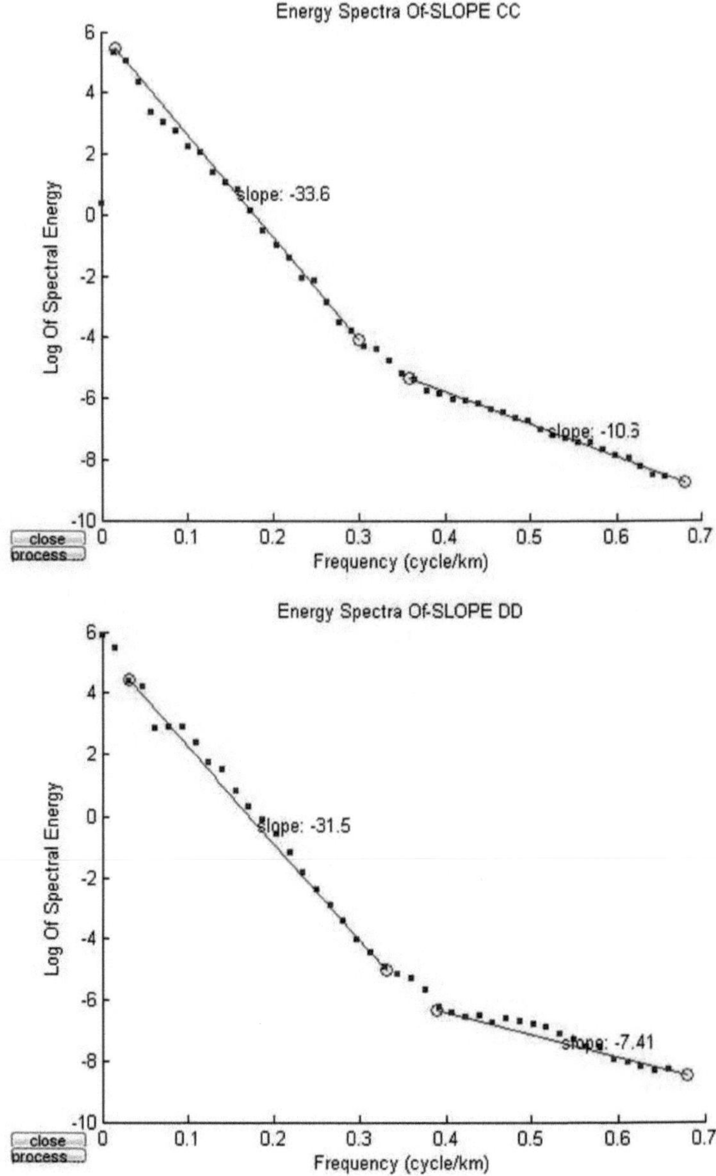

Energy Spectra Of-SLOPE CC
Log Of Spectral Energy
slope: -33.6
slope: -10.5
Frequency (cycle/km)
close
process
Energy Spectra Of-SLOPE DD
Log Of Spectral Energy
slope: -31.5
slope: -7.41
Frequency (cycle/km)
close
process

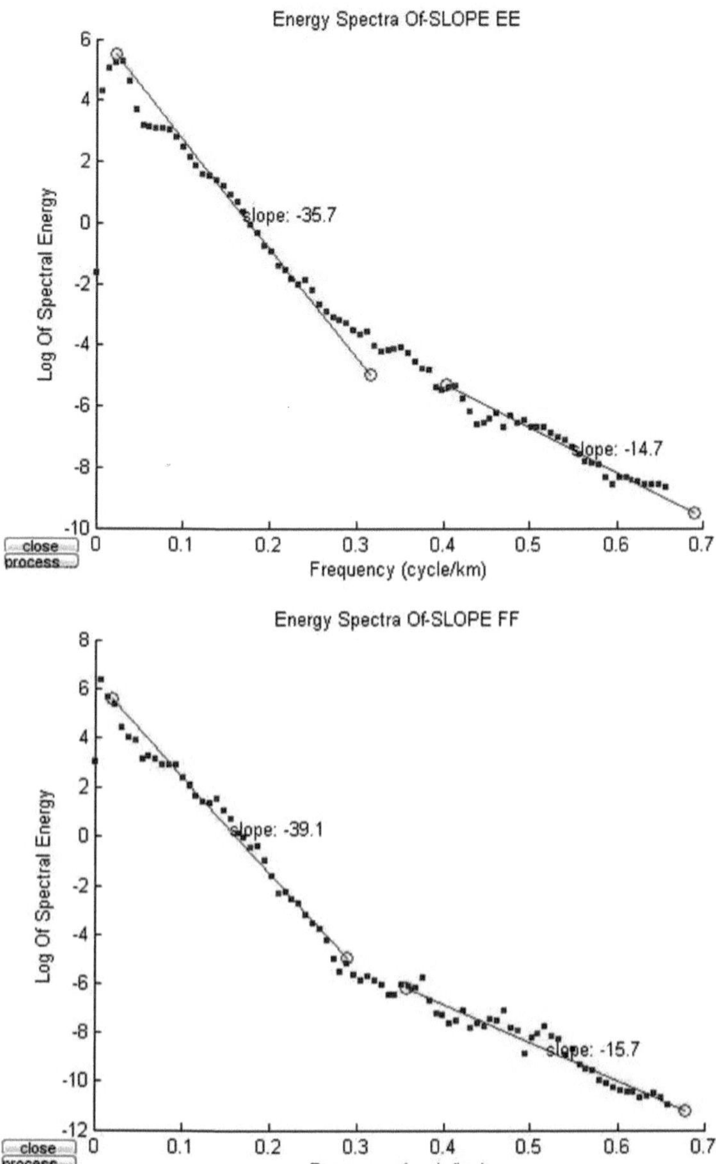

Energy Spectra Of-SLOPE EE
Log Of Spectral Energy
slope: -35.7
slope: -14.7
Frequency (cycle/km)
close
process
Energy Spectra Of-SLOPE FF
Log Of Spectral Energy
slope: -39.1
slope: -15.7
Frequency (cycle/km)
close
process

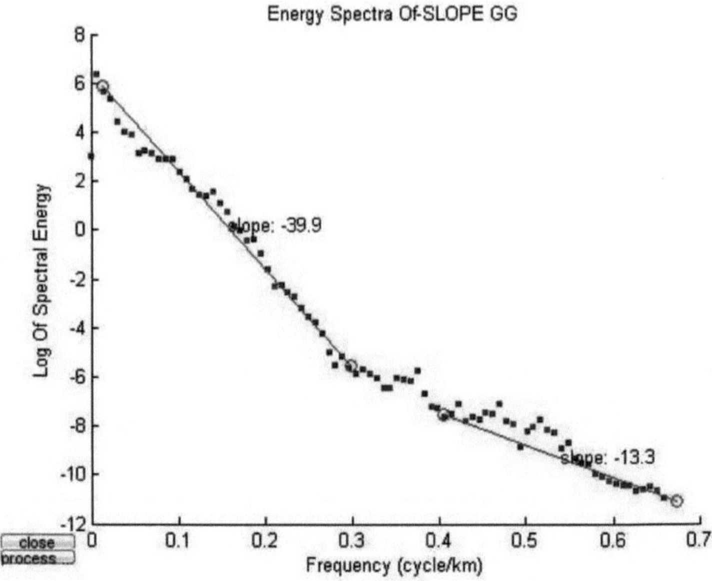
Energy Spectra Of-SLOPE GG
Log Of Spectral Energy
Frequency (cycle/km)
slope: -39.9
slope: -13.3
8
6
4
2
0
-2
-4
-6
-8
-10
-12
0
0.1
0.2
0.3
0.4
0.5
0.6
0.7
close
process

Printed by Books on Demand GmbH, Norderstedt / Germany